高等职业院校精品教材系列

省级精品课
配套教材之一

建筑消防系统的设计
安装与调试

U0398099

王三优　金湖庭　主　编

戎小戈　蔡敏华　副主编

刘　兵　董家涌　主　审

电子工业出版社

Publishing House of Electronics Industry

北京·BEIJING

内 容 简 介

本书按照教育部最新的职业教育教学改革要求，结合国家示范建设项目课程改革成果，在校企合作与工程实践基础上进行编写。全书采用基于工作过程的项目任务为载体，将知识点与实际应用技能有机结合，分为 6 个学习单元。主要内容包括建筑消防系统初步认识、火灾自动报警系统结构原理与安装、消防联动控制系统组成与电路分析、气体灭火系统工作原理与安装调试、消防系统的调试验收及维护、消防系统设计等。内容紧密结合实际，通过实例进行叙述，由浅入深，层层深入，采用了较多的插图和表格，便于读者理解与掌握；同时每个单元设置多个实训项目与练习题，以巩固所学知识，提高操作技能。

本书为高职高专院校建筑电气工程、楼宇智能化、建筑设备工程、消防工程、建筑工程管理等专业的教材，也可作为应用型本科、成人教育、自学考试、开放大学、中职学校、岗位培训班的教材，以及建筑工程技术人员的自学参考用书。

本书配有免费的电子教学课件、练习题参考答案和**精品课网站**，详见前言。

图书在版编目（CIP）数据

建筑消防系统的设计安装与调试/王三优，金湖庭主编．—北京：电子工业出版社，2012.6

全国高职高专院校规划教材·精品与示范系列

ISBN 978-7-121-16876-5

Ⅰ.①建… Ⅱ.①王… ②金… Ⅲ.①建筑物－防火系统－系统设计－高等职业教育－教材②建筑物－防火系统－安装－高等职业教育－教材③建筑物－防火系统－调试方法－高等职业教育－教材 Ⅳ.①TU892

中国版本图书馆 CIP 数据核字（2012）第 080825 号

策划编辑：陈健德（E-mail:chenjd@phei.com.cn）
责任编辑：郝黎明　　文字编辑：裴　杰
印　　刷：涿州市般润文化传播有限公司
装　　订：涿州市般润文化传播有限公司
出版发行：电子工业出版社
　　　　　北京市海淀区万寿路 173 信箱　邮编　100036
开　　本：787×1 092　1/16　印张：13.5　字数：339.2 千字　插页：2
版　　次：2012 年 6 月第 1 版
印　　次：2024 年 9 月第 18 次印刷
定　　价：41.00 元

凡所购买电子工业出版社图书有缺损问题，请向购买书店调换。若书店售缺，请与本社发行部联系，联系及邮购电话：（010）88254888，88258888。

质量投诉请发邮件至 zlts@phei.com.cn，盗版侵权举报请发邮件至 dbqq@phei.com.cn。

本书咨询联系方式：chenjd@phei.com.cn。

职业教育　继往开来（序）

自我国经济在 21 世纪快速发展以来，各行各业都取得了前所未有的进步。随着我国工业生产规模的扩大和经济发展水平的提高，教育行业受到了各方面的重视。尤其对高等职业教育来说，近几年在教育部和财政部实施的国家示范性院校建设政策鼓舞下，高职院校以服务为宗旨、以就业为导向，开展工学结合与校企合作，进行了较大范围的专业建设和课程改革，涌现出一批示范专业和精品课程。高职教育在为区域经济建设服务的前提下，逐步加大校内生产性实训比例，引入企业参与教学过程和质量评价。在这种开放式人才培养模式下，教学以育人为目标，以掌握知识和技能为根本，克服了以学科体系进行教学的缺点和不足，为学生的顶岗实习和顺利就业创造了条件。

中国电子教育学会立足于电子行业企事业单位，为行业教育事业的改革和发展，为实施"科教兴国"战略做了许多工作。电子工业出版社作为职业教育教材出版大社，具有优秀的编辑人才队伍和丰富的职业教育教材出版经验，有义务和能力与广大的高职院校密切合作，参与创新职业教育的新方法，出版反映最新教学改革成果的新教材。中国电子教育学会经常与电子工业出版社开展交流与合作，在职业教育新的教学模式下，将共同为培养符合当今社会需要的、合格的职业技能人才而提供优质服务。

近期由电子工业出版社组织策划和编辑出版的"全国高职高专院校规划教材·精品与示范系列"，具有以下几个突出特点，特向全国的职业教育院校进行推荐。

（1）本系列教材的课程研究专家和作者主要来自于教育部和各省市评审通过的多所示范院校。他们对教育部倡导的职业教育教学改革精神理解得透彻准确，并且具有多年的职业教育教学经验及工学结合、校企合作经验，能够准确地对职业教育相关专业的知识点和技能点进行横向与纵向设计，能够把握创新型教材的出版方向。

（2）本系列教材的编写以多所示范院校的课程改革成果为基础，体现重点突出、实用为主、够用为度的原则，采用项目驱动的教学方式。学习任务主要以本行业工作岗位群中的典型实例提炼后进行设置，项目实例较多，应用范围较广，图片数量较大，还引入了一些经验性的公式、表格等，文字叙述浅显易懂。增强了教学过程的互动性与趣味性，对全国许多职业教育院校具有较大的适用性，同时对企业技术人员具有可参考性。

（3）根据职业教育的特点，本系列教材在全国独创性地提出"职业导航、教学导航、知识分布网络、知识梳理与总结"及"封面重点知识"等内容，有利于老师选择合适的教材并有重点地开展教学过程，也有利于学生了解该教材相关的职业特点和对教材内容进行高效率的学习与总结。

（4）根据每门课程的内容特点，为方便教学过程对教材配备相应的电子教学课件、习题答案与指导、教学素材资源、程序源代码、教学网站支持等立体化教学资源。

职业教育要不断进行改革，创新型教材建设是一项长期而艰巨的任务。为了使职业教育能够更好地为区域经济和企业服务，殷切希望高职高专院校的各位职教专家和老师提出建议和撰写精品教材（联系邮箱：chenjd@phei.com.cn，电话：010-88254585），共同为我国的职业教育发展尽自己的责任与义务！

中国电子教育学会

前 言

  随着我国经济建设的飞速发展，城市化进程不断加快，各种大型地上建筑、地下建筑、高层和超高层建筑不断涌现，对从事建筑消防系统的技术人员需求大大提高，对消防从业人员的知识积累、技能要求提出了更高要求。

  本书按照教育部最新的职业教育教学改革要求，结合国家示范性高职院校专业建设与课程改革情况，在校企合作与工程实践基础上进行编写。主要结合建筑消防系统的构成部分进行叙述，采用目前市场主流的消防产品为实例，重点训练消防系统的设计安装、调试与维护技能。全书采用基于工作过程的项目任务为载体，将知识点与实际应用技能有机结合；较多地采用插图和表格，便于读者理解与掌握；紧密结合学校教学与企业实际，教材配备多个实训项目可供选择使用。通过对本教材的学习，将增强读者对火灾报警与联动控制系统的理解，培养更多的建筑消防专业从事安装施工、方案设计等应用型高技能人才。

  本书从建筑消防系统的工程应用实际出发，详细介绍消防系统各个部分的工作原理、性能特点、设计安装方法等。全书共6个学习单元，分别为学习单元1建筑消防系统初步认识，学习单元2火灾自动报警系统结构原理与安装，学习单元3消防联动控制系统组成与电路分析，学习单元4气体灭火系统工作原理与安装调试，学习单元5消防系统的调试、验收及维护，学习单元6消防系统设计。通过实例进行叙述，内容由浅入深，层层深入，同时每个单元设置多个实训项目与练习题，以巩固所学知识，提高操作技能。

  本书为高职高专院校建筑电气工程、楼宇智能化、建筑设备工程、消防工程、建筑工程管理等专业的教材，也可作为应用型本科、成人教育、自学考试、电视大学、中职学校、岗位培训班的教材，以及建筑工程技术人员的自学参考用书。

  本书由浙江建设职业技术学院王三优、浙江交通职业技术学院金湖庭担任主编，由浙江机电职业技术学院戎小戈、浙江建设职业技术学院蔡敏华担任副主编，由浙江建设职业技术学院刘兵副教授、甬港现代工程有限公司董家涌副总工程师担任主审。其中学习单元1、2由王三优编写，学习单元3由王三优和娄美琴编写，学习单元4由金湖庭编写，学习单元5由蔡敏华编写，学习单元6由戎小戈编写，浙江建设职业技术学院马福军、周巧仪、崔富义参与编写部分内容。

  在本书编写过程中，得到了甬港现代工程有限公司、浙江天煌科技实业有限公司以及海湾消防有限公司等许多施工单位、设计单位和生产厂商的大力支持和帮助，同时参考了大量的工程技术书籍和资料，在此谨向提供帮助和支持的单位、个人和作者表示由衷感谢。

由于编者水平有限、时间仓促，书中难免有错漏之处，敬请广大读者批评指正，不胜感激。

为了方便教师教学及学生学习，本书配有免费的电子教学课件、练习题参考答案，请有需要的教师登录华信教育资源网（http://www.hxedu.com.cn）免费注册后再进行下载，有问题时请在网站留言或与电子工业出版社联系（E-mail:hxedu@phei.com.cn）。读者也可通过该精品课网站（http://ggaq.jpkc.cc）浏览和参考更多的教学资源。

编者

目 录

学习单元 1　消防系统初步认识···1

　教学导航···1

　1.1　消防系统组成及设置场所···2

　　1.1.1　消防系统的形成及发展···2

　　1.1.2　消防系统的组成···3

　　1.1.3　火灾自动报警系统设置场所···4

　1.2　消防系统分类与选择···5

　　1.2.1　建筑防火分类···5

　　1.2.2　火灾自动报警系统保护对象级别划分·······································6

　　1.2.3　消防系统的分类···8

　　1.2.4　消防系统的选择··10

　知识梳理与总结··11

　练习题 1··11

学习单元 2　火灾自动报警系统结构原理与安装····································13

　教学导航···13

　2.1　火灾自动报警系统整体认识···14

　2.2　火灾探测器··16

　　2.2.1　火灾探测器的构造与分类···16

　　2.2.2　火灾探测器的主要技术指标···23

　　2.2.3　火灾探测器的选择与安装···24

　2.3　手动火灾报警按钮··32

　　2.3.1　手动火灾报警按钮的结构及原理···32

　　2.3.2　手动火灾报警按钮的布置与安装···33

　2.4　火灾报警控制器···35

　　2.4.1　火灾报警控制器的分类与功能··35

　　2.4.2　火灾报警控制器的工作原理···38

　　2.4.3　火灾报警控制器的容量和位置选择···41

　2.5　火灾显示盘的工作原理与安装···41

　2.6　声光报警器的工作原理与安装···44

　2.7　功能模块···47

　　2.7.1　总线隔离器··48

　　2.7.2　单输入模块··49

　　2.7.3　单输入/单输出模块···50

　　　　2.7.4　双输入/双输出模块 ·· 51

　2.8　电源 ··· 53

　实训 1　火灾自动报警系统认识 ·· 56

　实训 2　探测器的安装与使用 ·· 56

　知识梳理与总结 ·· 58

　练习题 2 ·· 58

学习单元 3　消防联动控制系统组成与电路分析 ································ 61

　教学导航 ·· 61

　3.1　消防联动控制系统整体认识 ·· 62

　3.2　消火栓灭火系统 ·· 63

　　　　3.2.1　消火栓灭火系统的组成 ·· 63

　　　　3.2.2　消火栓灭火系统的控制方式 ·· 65

　　　　3.2.3　消火栓灭火系统控制电路分析 ··· 68

　3.3　自喷水灭火系统 ·· 71

　　　　3.3.1　自喷水灭火系统的类型 ·· 71

　　　　3.3.2　自喷水灭火系统主要设备 ·· 77

　　　　3.3.3　自喷水灭火系统控制电路分析 ··· 82

　3.4　防排烟系统 ·· 85

　　　　3.4.1　防排烟方式 ··· 86

　　　　3.4.2　防排烟设施设置场所 ·· 87

　　　　3.4.3　防排烟联动控制 ··· 87

　3.5　防火分隔设施 ··· 89

　　　　3.5.1　防火门及其联动控制 ·· 89

　　　　3.5.2　防火卷帘及其联动控制 ·· 91

　　　　3.5.3　防火阀及其联动控制 ·· 95

　　　　3.5.4　挡烟垂壁及其联动控制 ·· 96

　3.6　消防应急广播系统的分类与设置要求 ······································· 97

　3.7　消防通信系统的分类与设置要求 ·· 100

　3.8　火灾应急照明和疏散指示照明的分类与设置要求 ······················· 101

　3.9　消防电梯的联动控制与设置规定 ··· 104

　实训 3　消防联动控制系统认识 ·· 106

　知识梳理与总结 ·· 107

　练习题 3 ·· 107

学习单元 4　气体灭火系统工作原理与安装调试 ······························ 109

　教学导航 ·· 109

　4.1　气体灭火系统基础 ··· 110

　　　　4.1.1　气体灭火系统的特点 ·· 110

　　　　4.1.2　气体灭火系统的适应范围 ·· 111

　　　　4.1.3　气体灭火系统的类型 ·· 111

　　　　4.1.4　气体灭火系统的工作原理和组成 ·· 118

4.2 气体灭火系统的安装、调试与维护 122
  4.2.1 气体灭火系统的安装 122
  4.2.2 气体灭火系统的调试 126
  4.2.3 气体灭火系统的使用操作 126
  4.2.4 气体灭火系统的日常维护 128
  4.2.5 气体灭火系统的使用安全要求 128
实训4 气体灭火系统认识 129
实训5 气体灭火系统安装接线 130
知识梳理与总结 131
练习题4 132

学习单元5 消防系统的调试、验收及维护 133
教学导航 133
5.1 消防系统调试要求与方法 134
  5.1.1 消防系统调试前的准备 134
  5.1.2 消防系统调试要求 135
  5.1.3 消防系统调试步骤与方法 136
5.2 消防系统验收 142
  5.2.1 消防系统验收条件与内容 142
  5.2.2 消防系统的检测验收与要求 144
5.3 消防系统维护 153
  5.3.1 消防系统维护原则及要求 153
  5.3.2 消防系统维护方法及保养 154
实训6 消防系统调试 156
知识梳理与总结 157
练习题5 157

学习单元6 消防系统设计 159
教学导航 159
6.1 消防系统的设计内容 160
6.2 消防系统的设计原则 161
6.3 消防系统的设计程序 162
  6.3.1 消防系统的方案设计 163
  6.3.2 消防系统的施工图设计 164
6.4 火灾自动报警系统的保护对象与设置场所 165
6.5 火灾自动报警系统的设计要求与区域划分 167
综合设计实例 某综合性服务大楼消防系统设计 183
实训7 建筑弱电系统施工图识读 192
知识梳理与总结 193
练习题6 202

参考文献 204

学习单元 1

消防系统初步认识

学习单元		1.1 消防系统组成及设置场所	学时	4
		1.2 消防系统分类与选择		
教学目标	知识方面	认识消防系统发展、组成，掌握其分类及选择		
	技能方面	认识消防系统，掌握其使用场所及类型选择，解决实际工程应用问题		
过程设计		任务布置及知识引导→分组学习、讨论和收集资料→学生编写报告，制作 PPT、集中汇报→教师点评或总结		
教学方法		项目教学法		

1.1 消防系统组成及设置场所

知识分布网络

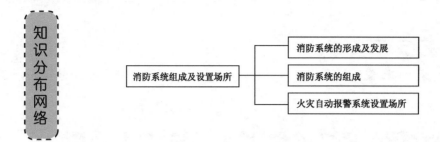

随着我国建筑行业的飞速发展，"消防"作为一门专门学科，正伴随着现代电子技术、自动控制技术、计算机技术及通信网络技术的发展进入高科技综合学科的行列。人类文明的进步史，就是人类的用火史。火是人类生存的重要条件，它可造福于人类，但也会给人们带来巨大的灾难。因此，在使用火的同时一定注意对火的控制，就是对火的科学管理。"以防为主，防消结合"的消防方针是相关的工程技术人员必须遵照执行的。有效监测建筑火灾、控制火灾、迅速扑灭火灾，保障人民生命和财产的安全，保障国民经济建设，是消防系统的任务。为完成上述任务建筑消防系统建立了一套完整、有效的体系，该体系就是在建筑物内部，按国家有关规范规定设置必需的火灾自动报警及消防设备联动控制系统、建筑灭火系统、防排烟系统等建筑消防设施。

1.1.1 消防系统的形成及发展

早期的防火、灭火都是人工实现的。当发生火灾时，立即组织人工在统一指挥下采取一切可能措施迅速灭火，这便是早期消防系统的雏形。随着科学技术的发展，人们逐步学会使用仪器监视火情，用仪器发出火警信号，然后在人工统一指挥下，用灭火器械去灭火，这便是较为发达的消防系统，即自动报警、人工消防。在规模不大的场所应用这种消防系统可以降低建设成本，同时达到消防目的。然而现代化的大楼越来越向高层发展，在高层、超高层建筑中人员及物资疏散非常不便，再加之很多高层建筑都是裙楼围绕主楼形式，主楼一旦发生火灾，消防车辆难以接近，消防人员扑救也相当困难。因此，在现代化的大楼中必须设置自动报警、自动消防系统，即消防系统。

消防系统无论从器件、线制还是类型的发展来看，大体经历过传统型和现代型两种。

（1）传统型消防系统

传统型主要是指开关量多线制系统，其主要特点是简单、成本低，但有以下明显的不足。① 因为火灾判断依据仅仅是根据所探测的某个火灾现象参数是否超过其自身设定值（阈值）来确定是否报警，所以无法排除环境和其他因素的干扰；② 性能差、功能少，无法满足发展需要。例如，多线制系统费钱、费力；不具备现场编程能力；无法自动探测系统重要组件的真实状态；不能自动补偿探测器灵敏度的漂移；当线路短路或开路时，不能切断故障点，缺乏故障自诊断、自排除能力；电源功耗大等。

（2）现代型消防系统

现代型主要是指可寻址总线制系统及智能系统。其中，总线制系统中的二总线制系统尤

其被广泛使用。其优点：省钱、省工；所有的探测器均并联到总线上；每只探测器均设置地址编码；可连接带地址码模块的手动报警按钮、水流指示器及其他中继器等；增设了可现场编程的键盘；系统自检和复位功能；火灾地址和时钟记忆与显示功能；故障显示功能；探测点开路、短路时隔离功能；能准确确定火情部位，增强了火灾探测或判断火灾发生的能力等。而智能火灾报警系统中探测器可以具有智能功能，对火灾信号进行分析和智能处理，做出恰当的判断，然后将这些判断信息传给控制器。控制器相当于人脑，既能接收探测器送来的信息，也能对探测器的运行状态进行监视和控制。由于探测部分和控制部分的双重智能处理，系统的运行能力大大提高。

目前，消防系统中还具有无线火灾自动报警系统，这是最新产品。无线火灾自动报警系统由传感发射机、中继器及控制中心三大部分组成，并以无线电波为传播媒体。探测部分与发射机合成一体，由高能电池供电，每个中继器只接收自己组内的传感发射机信号，当中继器接到某传感器的信号时，进行地址对照，一致时判读接收数据并通过中继器将信息传给控制中心，控制中心显示信号。此系统具有节省布线费用及工时、安装开通容易的优点。适用于不宜布线的楼宇、工厂、仓库等，也适用于改造工程。

纵观火灾自动报警系统的发展史，火灾产品不断更新换代，使火灾报警系统发生了一次次变革。未来火灾探测及报警技术的发展将呈现误报率不断降低、探测性能越来越完善的趋势。

1.1.2 消防系统的组成

消防系统主要由两大部分构成：一部分为感应机构，即火灾自动报警系统；另一部分为执行机构，即消防联动控制系统（包括自动灭火控制系统及辅助灭火或避难指示系统），如图 1-1 和图 1-2 所示。

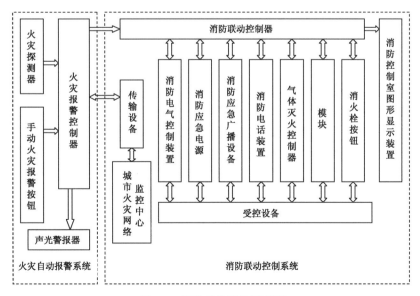

图 1-1　消防系统结构原理图

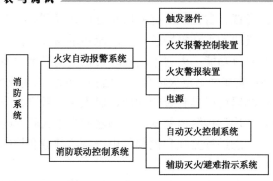

图 1-2　消防系统的组成

由以上可知，火灾自动报警系统由触发器件（包括火灾探测器和手动火灾报警按钮）、火灾报警控制装置、火灾警报装置及电源 4 部分构成，以完成检测火情并及时报警的任务。而消防联动控制系统是在火灾条件下，控制固定灭火、消防通信及广播、事故照明及疏散指示标志、防排烟等消防设施动作的电气控制系统，通常由消防联动控制器、模块、气体灭火控制器、消防电气控制装置、消防应急电源、消防应急广播设备、消防电话、消防控制室图形显示装置、消防电动装置、消火栓按钮等全部或部分设备组成。其中，消防联动控制器是消防系统的重要组成设备，主要功能是接收火灾报警控制器的火灾报警信号或其他触发器件发出的火灾报警信号，根据设定的控制逻辑发出控制信号，控制各类消防设备实现相应功能，消防联动控制器和火灾报警控制器可以组合成一台设备，称为火灾报警控制器（联动型系统），它具备火灾报警控制器和消防联动控制器的所有功能。

总之，消防系统的主要功能是：自动捕捉火灾探测区域内火灾发生时的烟、温、光等物理量，发出声光报警并控制自动灭火系统，同时联动其他设备的输出接点，控制事故照明及疏散标记、事故广播及通信、消防给水和防排烟设施，以实现监测、报警和灭火的自动化，另外，还能实现向城市或地区消防队发出救灾请求，进行通信联络。

1.1.3　火灾自动报警系统设置场所

国家标准《火灾自动报警系统设计规范》明确规定："本规范适用于工业与民用建筑和场所内设置的火灾自动报警系统，不适用于生产和储存火药、炸药、弹药、火工品等场所设置的火灾自动报警系统。"因此，除上述明确规定的特殊场所（如生产和储存火药、弹药、火工品等）外，其他工业与民用建筑，是火灾自动报警系统的基本保护对象，是火灾自动报警系统的设置场所。火灾自动报警系统的设计，除执行上述规定外，还应符合国家现行的有关标准、规范的规定。例如，应符合《高层民用建筑设计防火规范》的以下规定。

（1）建筑高度超过 100 m 的高层建筑，除游泳池、溜冰场外，均应设火灾自动报警系统。

（2）除住宅、商住楼的住宅部分、游泳池、溜冰场外，建筑高度不超过 100 m 的一类高层建筑的下列部位应设置火灾自动报警系统：

① 医院病房楼的病房、贵重医疗设备室、病历档案室、药品库；

② 高级旅馆的客房和公共活动用房；

③ 商业楼、商住楼的营业厅，展览楼的展览厅；

④ 电信楼、邮政楼的重要机房和重要房间；

⑤ 财贸金融楼的办公室、营业厅、票证库；

⑥ 广播电视楼的演播室、播音室、录音室、节目播出技术用房、道具布景；

⑦ 电力调度楼、防灾指挥调度楼等的微波机房、计算机房、控制机房、动力机房；

⑧ 图书馆的阅览室、办公室、书库；

⑨ 档案楼的档案库、阅览室、办公室；

⑩ 办公楼的办公室、会议室、档案室。

⑪ 走道、门厅、可燃物品库房、空调机房、配电室、自备发电机房；

⑫ 净高超过 2.60 m 且可燃物较多的技术夹层；

⑬ 贵重设备间和火灾危险性较大的房间；

⑭ 经常有人停留或可燃物较多的地下室；

⑮ 电子计算机房的主机房、控制室、纸库、磁带库。

（3）二类高层建筑的下列部位应设火灾自动报警系统：

① 财贸金融楼的办公室、营业厅、票证库；

② 电子计算机房的主机房、控制室、纸库、磁带库；

③ 面积大于 50 m² 的可燃物品库房；

④ 面积大于 500 m² 的营业厅；

⑤ 经常有人停留或可燃物较多的地下室；

⑥ 性质重要或有贵重物品的房间。

注：旅馆、办公楼、综合楼的门后、观众厅，没有自动喷水灭火系统时，可不设火灾自动报警系统。

1.2 消防系统分类与选择

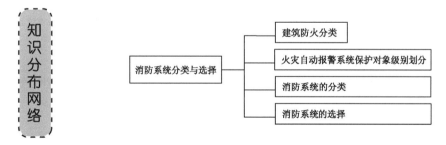

随着我国建筑行业的飞速发展，高层建筑越来越多，而高层建筑层数多，为方便必然设置客梯及消防电梯，会有电梯井、楼梯间、管道井、风道、电缆井、排气道等竖井道，如果防火分隔不好，发生火灾时就会形成烟囱效应，具有火势蔓延快、疏散困难、扑救难度大等特点。因此，必须根据建筑结构及规模选择适合火灾报警及消防控制系统及时扑灭火灾。

1.2.1 建筑防火分类

按我国的有关规定，高层建筑物根据其性质、火灾危险程度、疏散和救火难度等因素，把建筑物防火分为以下两大类。

（1）一类建筑。一类建筑是指楼层在 19 层及 19 层以上的普通住宅，建筑高度超过 50 m 的高级住宅。医院、百货大楼、广播大楼、高级宾馆，以及重要的办公大楼、科研大楼、图书馆、档案馆等都属于一类防火建筑。

（2）二类建筑。二类建筑是指 10～18 层的普通住宅，建筑高度超过 24 m，但又不超过 50 m 的教学大楼、办公大楼、科研大楼、图书馆建筑物等。

建筑防火分类如表 1-1 所示。

表 1-1　建筑防火分类

名　　称	一类	二类
居住建筑	高级住宅 19 层及 19 层以上的普通住宅	10～18 层的普通住宅
公共建筑	1. 医院 2. 高级旅馆 3. 建筑高度超过 50 m 或每层建筑面积超过 1000 m^2 的商业楼、展览楼、综合楼、电信楼、财贸金融楼 4. 建筑高度超过 50 m 或每层建筑面积超过 1500 m^2 的商住楼 5. 中央级和省级（含计划单列市）广播电视楼 6. 网局级和省级（含计划单列市）电力调度楼 7. 省级（含计划单列市）邮政楼、防灾指挥调度楼 8. 藏书超过 100 万册的图书馆、书库 9. 重要的办公楼、科研楼、档案楼等 10. 建筑高度超过 50 m 的教学楼和普通的旅馆、办公楼、科研楼、档案楼等	1. 除一类建筑以外的商业楼、展览楼、综合楼、电信楼、财贸金融楼、商住楼、图书馆、书库 2. 省级以下的邮政楼、防灾指挥调度楼、广播电视楼、电力调度楼 3. 建筑高度不超过 50 m 的教学楼和普通的旅馆、办公楼、科研楼、档案楼等

注：1. 高级住宅是指建筑装修复杂、室内铺满地毯、家具和陈设高档、设有空调系统的住宅。

2. 高级旅馆是指建筑标准高、功能复杂、火灾危险性较大和设有空气调节系统的具有星级条件的旅馆。

3. 综合楼是指由两种及两种以上用途的楼层组成的公共建筑，常见的组成形式有商场加办公写字楼层加高级公寓、办公加旅馆加车间仓库、银行金融加旅馆加办公等。

4. 商住楼是指底部作商业营业厅、上面作普通或高级住宅的高层建筑。

5. 网局级电力调度楼是指可调度若干个省（区）电力业务的工作楼，如东北电力调度楼、中南电力调度楼、华北电力调度楼等。

6. 重要的办公楼、科研楼、档案楼是指这些楼的性质重要，如有关国防、国计民生的重要科研楼等。

1.2.2　火灾自动报警系统保护对象级别划分

火灾自动报警系统保护对象应根据其使用性质、火灾危险性、疏散和扑救难度等分为特级、一级和二级，并符合表 1-2 的规定。

表 1-2 火灾自动报警系统保护对象分级

等级	保护对象	
特级	建筑高度超过 100 m 的高层民用建筑	
一级	建筑高度不超过 100 m 的高层民用建筑	一类建筑
	建筑高度不超过 24 m 的民用建筑及建筑高度超过 24 m 的单层公共建筑	1. 200 床及以上的病房楼，每层建筑面积 1000 m² 及以上的门诊楼； 2. 每层建筑面积超过 3000 m² 的百货楼、商场、展览楼、高级宾馆、财贸金融楼、电信楼、高级办公楼； 3. 藏书量超过 100 万册的图书馆、书库； 4. 超过 3000 座位的体育馆； 5. 重要的科研楼、资料档案楼； 6. 省级（含计划单列市）的邮政楼、广播电视楼、电力调度楼、防灾指挥调度楼； 7. 重点文物保护场所； 8. 大型以上的影剧院、会堂、礼堂
	工业建筑	1. 甲、乙类生产厂房； 2. 甲、乙类物品库房； 3. 占地面积或总建筑面积超过 1000 m² 的丙类物品库房； 4. 总建筑面积超过 1000 m² 的地下丙、丁类生产车间及物品库房
	地下民用建筑	1. 地下铁道、车站； 2. 地下电影院、礼堂； 3. 使用面积超过 1000 m² 的地下商场、医院、旅馆、展览厅及其他商业或公共活动场所； 4. 重要实验室、图书、资料、档案库
二级	建筑高度不超过 100 m 的高层民用建筑	二类建筑
	建筑高度不超过 24 m 的民用建筑	1. 设有空气调节系统的或每层建筑面积超过 2000 m² 但不超过 3000 m² 的商业楼、财贸金融楼、电信楼、展览楼、旅馆、办公楼、车站、海河客运站、航空港等公共建筑及其他商业或公共活动场所； 2. 市、县级的邮政楼、广播电视楼、电力调度楼、防灾指挥调度楼； 3. 中型以下的影剧院； 4. 高级住宅； 5. 图书馆、书库、档案楼
	工业建筑	1. 丙类生产厂房； 2. 建筑面积大于 50 m²，但不超过 1000 m² 的丙类物品库房； 3. 总建筑面积大于 500 m²，但不超过 1000 m² 的地下丙、丁类生产车间及地下物品库房
	地下民用建筑	1. 长度超过 500 m 的城市隧道； 2. 使用面积不超过 1000 m² 的地下商场、医院、旅馆、展览厅及其他商业或公共活动场所

注：1. 一类建筑、二类建筑的划分应符合《高层民用建筑设计防火规范》的规定；工业厂房、仓库的火灾危险性分类，应符合《建筑设计防火规范》的规定。

2. 本表未列出的建筑的等级可按同类建筑的类比原则确定。

1.2.3　消防系统的分类

消防系统按报警和消防方式可分为自动报警、人工消防和自动报警、自动消防两种。

（1）自动报警、人工消防。中等规模的旅馆在客房等处设置火灾探测器，当火灾发生时，在本层服务台处的火灾报警器就会发出信号（即自动报警），同时在总服务台显示出某层（或某分区）发生火灾，消防人员根据报警情况采取消防措施（即人工消防）。

（2）自动报警、自动消防。这种系统与上述不同点在于：在火灾发生时自动喷洒水，进行消防。而且在消防中心的报警器处还附设有直接通往消防部门的电话。消防中心在接到火灾报警信号后，立即发出疏散通知（利用应急广播系统），并开动消防泵和电动防火门等消防设备，从而实现自动报警、自动消防。

消防系统根据联动功能的复杂程度及报警系统保护范围的大小，可分为区域火灾报警系统、集中火灾报警系统和控制中心报警系统 3 种基本形式。

（1）区域火灾报警系统。区域火灾报警系统通常由区域火灾报警控制器、火灾探测器、手动火灾报警按钮、火灾报警装置及电源等组成，其系统结构、形式如图 1-3 所示。

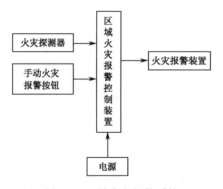

图 1-3　区域火灾报警系统

采用区域火灾报警系统时，其区域火灾报警控制器不应超过 3 台，因为未设集中火灾报警控制器，当火灾报警区域过多而又分散时就不便于集中监控与管理。

（2）集中火灾报警系统。集中火灾报警系统通常由集中火灾报警控制器、至少两台区域火灾报警控制器（或区域显示器）、火灾探测器、手动火灾报警按钮、火灾报警装置及电源等组成，其系统结构、形式如图 1-4 所示。

集中火灾报警系统应设置在由专人值班的房间或消防控制室内，若集中火灾报警系统不设在消防控制室内，则应将它的输出信号引至消防控制室，这有助于建筑物内整体火灾自动报警系统的集中监控和统一管理。

（3）控制中心报警系统。控制中心报警系统通常由至少一台集中火灾报警控制器、一台消防联动控制设备、至少两台区域火灾报警控制器（或区域显示器）、火灾探测器、手动火灾报警按钮、火灾报警装置、火警电话、火灾应急照明、火灾应急广播、联动装置及电源等组成，其系统结构、形式如图 1-5 所示。

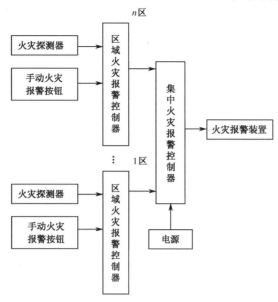

图 1-4　集中火灾报警系统

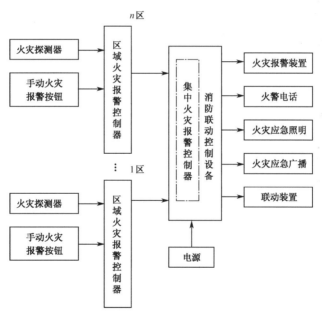

图 1-5　控制中心报警系统

集中火灾报警控制器设在消防控制室内，其他消防设备及联动控制设备，可采用分散控制和集中遥控两种方式。各消防设备工作状态的反馈信号，必须集中显示在消防控制室的监视或总控制台上，以便对建筑物内的防火安全设施进行全面控制与管理。控制中心报警系统探测区域可多达数百甚至上千个。

当然，随着电子技术的迅速发展和计算软件技术在现代消防技术中的大量应用，火灾自动报警系统结构、形式越来越灵活多样，很难精确划分成几种固定的模式，火灾自动报警技术的发展趋向于智能化系统，这种系统可组合成任何形式的火灾自动报警网络结构。它既可以是区域火灾报警系统，也可以是集中火灾报警系统和控制中心报警系统形式。它们无绝对明显的区别，设计人员可任意组合，设计成自己需要的系统形式。

1.2.4　消防系统的选择

消防系统设计应根据保护对象的分级规定、功能要求和消防管理体制等因素综合考虑确定。

按照火灾报警及消防控制系统的基本形式，区域火灾报警系统一般适用于二级保护对象；集中火灾报警系统一般适用于一级、二级保护对象；控制中心报警系统一般适用于特级、一级保护对象。为了规范设计，又不限制技术发展，国家规范对系统的基本形式制定了一些基本的原则。设计人员可在符合这些基本原则的条件下，根据工程规模和对联动控制的复杂程度，选用比较好的产品，组成可靠的消防系统。

1．区域火灾报警系统

区域火灾报警系统比较简单，但使用面很广。它既可单独用在工矿企业的计算机机房等重要部位和民用建筑的塔楼公寓、写字楼等处，也可作为集中火灾报警系统和控制中心系统中最基本的组成设备。

区域火灾报警系统在设计时，应符合以下几点规定：

（1）在一个区域系统中，宜选用一台通用报警控制器，最多不超过两台；

（2）区域火灾报警控制器应设在有人值班的房间；

（3）区域火灾报警系统容量比较小，只能设置一些功能简单的联动控制设备；

（4）当用区域火灾报警系统警戒多个楼层时，应在每个楼层的楼梯口和消防电梯前室等明显部位设置识别报警楼层的灯光显示装置；

（5）当区域火灾报警控制器安装在墙上时，其底边距地面或楼板的高度为 1.3～1.5 m，靠近门轴的侧面距离不小于 0.5 m，正面操作距离不小于 1.2 m。

2．集中火灾报警系统

传统的集中火灾报警系统是由集中火灾报警控制器、区域火灾报警控制器和火灾探测器等组成的。近几年来，火灾报警采用总线制编码传输技术，现代集中火灾报警系统成为与传统集中火灾报警系统完全不同的新型系统。这种新型的集中火灾报警系统是由火灾报警控制器、区域显示器（又称楼层显示器或复示盘）、声光警报装置及火灾探测器（带地址模块）、控制模块（控制消防联控设备）等组成的总线制编码传输的集中报警系统。这两种系统在国内的实施工程中同时并存，各有其特点，设计者可根据工程的投资情况及控制要求进行选择。

按照《火灾自动报警系统设计规范》规定，集中火灾报警系统应设有一台集中火灾报警控制器（通用报警控制器）和两台以上的区域火灾报警控制器（或楼层显示器、声光报警器）。

集中火灾报警系统在一级中档宾馆、饭店用得比较多。根据宾馆、饭店的管理情况，集中火灾报警控制器设在消防控制室；区域火灾报警控制器（或楼层显示器）设在各楼层服务台，这样管理比较方便。

集中火灾报警系统在设计时，应注意以下几点：

（1）集中火灾报警系统中，应设置必要的消防联动控制输入接点和输出接点（或输入、输出模块），可控制有关消防设备，并接收其反馈信号；

（2）在火灾报警控制器上应能准确显示火灾报警的具体部位，并能实现简单的联动控制；

（3）集中火灾报警控制器的信号传输线（输入、输出信号线）应通过端子连接，且应有明显的标记和编号；

（4）火灾报警控制器应设在消防控制室或有人值班的专门房间；

（5）控制器前后应按消防控制室的要求，留出便于操作、维修的空间；

（6）集中火灾报警控制器所连接的区域火灾报警控制器（或楼层显示器）应符合区域火灾报警控制系统的技术要求。

3. 控制中心报警系统

控制中心报警系统是由设置在消防控制室的消防控制设备、集中火灾报警控制器、区域火灾报警控制器和火灾探测器等组成的火灾报警系统。由于技术的发展，该系统也可能是由设在消防控制室的消防控制设备、火灾报警控制器、区域显示器（或灯光显示装置）和火灾探测器等组成的功能复杂的火灾报警系统。这里所指的消防控制设备主要是火灾报警器的控制装置、火警电话、空调通风及防排烟、消防电梯等联动控制装置、火灾事故广播及固定灭火系统控制装置等。简而言之，集中报警系统加联动消防控制设备就构成了控制中心系统。

控制中心报警系统主要用于大型宾馆、饭店、商场、办公室等。此外，它还多用在大型建筑群和大型综合楼工程。控制中心报警系统在商场、宾馆、公寓、综合楼的应用也比较普遍。

在确定系统构成方式时，还要结合所选用厂家的具体设备的性能和特点进行考虑。例如，有的厂家火灾报警控制器的一个回路允许带 64 个编址单元，有的厂家一个回路可带 127 个编址单元，这就要求进行回路分配时要考虑回路容量。再如，有的厂家火灾报警控制器允许一定数量的控制模块进入报警总线回路，无须单独设置报警联动控制器；有的厂家则必须单设报警联动控制器。

知识梳理与总结

本单元介绍了消防系统的形成、发展及组成，阐述了消防系统的分类及选择。通过本单元的学习，读者应对消防系统有初步认识，能够划分火灾自动报警系统保护对象等级，合理选择系统形式，并初步了解不同系统形式的设计要求。

练 习 题 1

1. 选择题

（1）火灾自动报警系统由（　　　）、火灾报警控制装置、火灾报警装置及电源 4 部分构成，以完成检测火情并及时报警的任务。

　　A．触发器件　　　　　　　　　　　　B．火灾探测器

C. 手动火灾报警按钮　　　　　　　　D. 报警控制器

（2）下列不属于消防联动控制系统功能的是（　　　）。

A. 控制固定灭火　　B. 消防通信　　C. 发现火情　　D. 防排烟

（3）下列不属于消防系统 3 种基本形式的是（　　　）。

A. 可寻址总线制系统　　　　　　　　B. 区域火灾报警系统

C. 集中火灾报警系统　　　　　　　　D. 控制中心报警系统

（4）以下对系统形式描述错误的是（　　　）。

A. 区域火灾报警系统通常由区域火灾报警控制器、火灾探测器、手动火灾报警按钮、火灾报警装置及电源等组成

B. 采用区域火灾报警系统时，其区域火灾报警控制器不应超过 3 台

C. 集中火灾报警系统通常由集中火灾报警控制器、至少 3 台区域火灾报警控制器（或区域显示器）、火灾探测器、手动火灾报警按钮、火灾报警装置及电源等组成

D. 控制中心报警系统通常由至少一台集中火灾报警控制器、一台消防联动控制设备、至少两台区域火灾报警控制器等组成

（5）以下不需要设置火灾自动报警系统的是（　　　）。

A. 商业楼、商住楼的营业厅，展览楼的展览厅

B. 财贸金融楼的办公室、营业厅、票证库

C. 办公楼的办公室、会议室、档案室

D. 面积在 4 m² 的厕所或卫生间

（6）以下系统基本形式选择错误的是（　　　）。

A. 区域火灾报警系统，一般适用于二级保护对象

B. 集中火灾报警系统，只适用于一级保护对象

C. 集中火灾报警系统，一般适用于一级、二级保护对象

D. 控制中心报警系统，一般适用于特级、一级保护对象

2. 思考题

（1）建筑消防系统由哪几部分组成?每部分的基本作用是什么?

（2）建筑消防系统的主要功能是什么?

（3）建筑消防系统根据联动功能的复杂程度及报警系统保护范围的大小可以分为哪几种基本形式? 分别说明其组成?

（4）火灾自动报警系统保护对象应根据其使用性质、火灾危险性、疏散和扑救难度等分为几个级别?

（5）根据国家标准《火灾自动报警系统设计规范》，火灾自动报警系统的基本保护对象是什么?

（6）消防系统形式应如何选择?

（7）区域火灾报警系统设计时应符合哪些规定?

（8）集中火灾报警系统在设计时，应注意哪些事项?

（9）控制中心报警系统适用的场所有哪些?

学习单元2

火灾自动报警系统结构原理与安装

教学导航

学习单元		2.1 火灾自动报警系统整体认识	学时	8
		2.2 火灾探测器		
		2.3 手动火灾报警按钮		
		2.4 火灾报警控制器		
		2.5 火灾显示盘的工作原理与安装		
		2.6 声光报警器的工作原理与安装		
		2.7 功能模块		
		2.8 电源		
教学目标	知识方面	认识火灾自动报警系统工程，掌握火灾自动报警系统工程中火灾探测器、火灾报警控制器等设备的基本构造、分类和选择，了解手动火灾报警按钮、火灾显示盘、声光报警器等设备的原理、安装及工程中的应用		
	技能方面	能够正确选用火灾探测器、火灾报警控制器等设备并进行正确安装，解决实际工程应用问题		
过程设计		任务布置及知识引导→分组学习、讨论和收集资料→学生编写报告，制作 PPT、集中汇报→教师点评或总结		
教学方法		项目教学法		

建筑消防系统的设计安装与调试

　　火灾自动报警系统是消防系统的重要组成部分，是人们为了及早发现和通报火灾，利用自动化手段实现早期火灾探测、火灾自动报警，从而能及时采取有效控制措施扑灭火灾而设置在建筑物中或其他场所的一种自动消防设施，是确保现代高层建筑及智能化建筑免除或减轻火灾危害的极其重要的安全设施。因此，系统掌握高层建筑及智能化建筑中火灾自动报警系统配置，熟悉火灾自动报警系统主要设备是从事消防技术人员必备的技能。

2.1 火灾自动报警系统整体认识

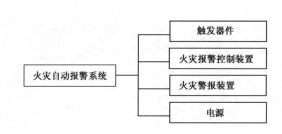

　　火灾自动报警系统实物图和系统组成框图分别如图 2-1 和图 2-2 所示。

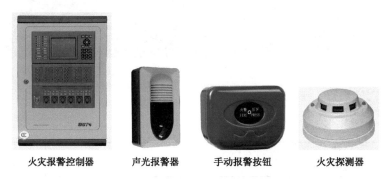

　　火灾报警控制器　　声光报警器　　手动报警按钮　　火灾探测器

图 2-1　火灾自动报警系统实物图

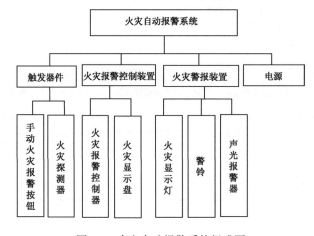

图 2-2　火灾自动报警系统组成图

由图 2-1 和图 2-2 可见，火灾自动报警系统由触发器件、火灾报警控制装置、火灾报警装置及电源 4 部分组成。

1．触发器件

在火灾自动报警系统中，自动或手动产生火灾报警信号的器件称为触发器件，主要包括火灾探测器和手动火灾报警按钮。

火灾探测器是能对火灾参数（如烟、温、光、火焰辐射、气体浓度等）进行响应，并自动产生火灾报警信号的器件。按响应火灾参数的不同，火灾探测器分为感温火灾探测器、感烟火灾探测器、感光火灾探测器、可燃气体探测器和复合火灾探测器 5 种基本类型。不同类型的火灾探测器适用于不同类型的火灾和不同的场所。

手动火灾报警按钮是手动方式产生火灾报警信号、启动火灾自动报警系统的器件，也是火灾自动报警系统中不可缺少的组成部分之一。

2．火灾报警控制装置

在火灾自动报警系统中，用以接收、显示和传递火灾报警信号，并能发出控制信号和具有其他辅助功能的控制指示设备称为火灾报警控制装置。火灾报警控制器就是其中最基本的一种。火灾报警控制器担负着为火灾探测器提供稳定的工作电源，监视探测器及系统自身的工作状态，接收、转换、处理火灾探测器输出的报警信号，进行声光报警，指示报警的具体部位及时间；同时执行相应的辅助控制等诸多任务，是火灾报警系统中的核心组成部分。

在火灾报警控制装置中，还有一些如火灾显示盘、区域显示器、中断器等功能不完整的报警装置。它们可视为火灾报警控制器的演变或补充，在特定条件下应用，与火灾报警控制器同属于火灾报警控制装置。

火灾报警控制器的基本功能主要有：主电源、备用电源自动转换；备用电源充电；电源故障监测；电源工作状态指示；为探测器回路供电；控制器或系统故障声、光报警；火灾声、光报警；火灾报警记忆；火灾报警优先故障报警；声报警、音响消音及再次声响报警。

3．火灾警报装置

在火灾自动报警系统中，用以发出区别于环境声、光的火灾警报信号的装置称为火灾警报装置。声光报警器就是一种最基本的火灾警报装置，它以声、光方式向报警区域发出火灾警报信号，以提醒人们展开安全疏散、灭火救灾措施。警铃也是一种火灾警报装置。火灾发生时，它们接收由火灾报警装置通过控制模块发出的控制信号，发出有别于环境声音的音响，大多安装于建筑物的公共空间部分，如走廊、大厅等。

4．电源

火灾自动报警系统属于消防用电设备，其主电源应当采用消防电源，备用电源一般采用蓄电池组。系统电源除为火灾报警控制器供电外，还为与系统相关的消防控制设备等供电。

2.2 火灾探测器

知识分布网络

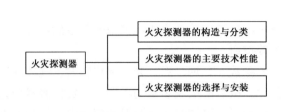

火灾探测器是火灾自动报警系统的重要组件，是系统的感觉器官，相当于人的"眼睛"。它能自动探测火灾现场情况，将现场火灾信号，如烟、光、温度等转换成电气信号，传送到火灾报警控制器，火灾报警控制器收到信号后立即报警并启动灭火设备，将火灾消灭在萌发状态。同时，它还要保证不能出现"观察"错误，以免系统误动作造成无谓的损失。可见，火灾探测器的灵敏度、稳定性等性能指标对整个消防系统的运行效果有着直接的影响，其实物图如图 2-3 所示。

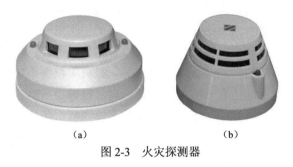

（a）   （b）

图 2-3　火灾探测器

2.2.1 火灾探测器的构造与分类

1. 火灾探测器的构造

火灾探测器通常由敏感元件、相关电路、固定部件及外壳 3 部分组成。

（1）敏感元件：是将火灾燃烧的特征物理量转换成电信号。因此，凡是对烟雾、温度、辐射光和气体浓度等敏感的传感元件都可使用，它是火灾探测器的核心部件。

（2）相关电路：是将敏感元件转换所得的电信号放大和处理成火灾报警控制器所需的信号。通常由转换电路、保护电路、抗干扰电路、指示电路和接口电路等组成。

火灾发生时，探测器对火灾产生的烟雾、火焰或高温很敏感，一旦发生火灾会改变平时的正常状态，引起电流、电压或机械部分发生变化或位移，通过相关电路抗干扰、放大、传输等过程处理，向消防中控室发出火灾信号，并显示火灾发生的地点、部位。

（3）固定部件及外壳：是探测器的机械结构，用于固定探测器。其作用是将传感元件、电路印刷板、接插件、确认灯和紧固件等部件有机地连成一体，保证一定的机械强度，达到规定的电气性能，以防止探测器所处环境（如烟雾、气流、光源、灰尘、高频电磁波等）干扰和机械力的破坏。

2. 火灾探测器分类

火灾探测器的种类很多,功能各异,常用的探测器根据其探测的物理量和工作原理不同,可分为感烟探测器、感温探测器、感光(火焰)探测器、复合式火灾探测器和可燃气体探测器5种。同时,根据探测器警戒范围不同,又分为点型和线型两种,如图2-4所示。另外,根据线制的不同,还可以分为多线制和总线制,即非编码型和编码型两种(总线制探测器连接到总线上需要对探测器进行地址编码,用于识别位置地址)。目前,为防止误报,对现有的火灾探测器进行智能处理,出现了智能型火灾探测器。

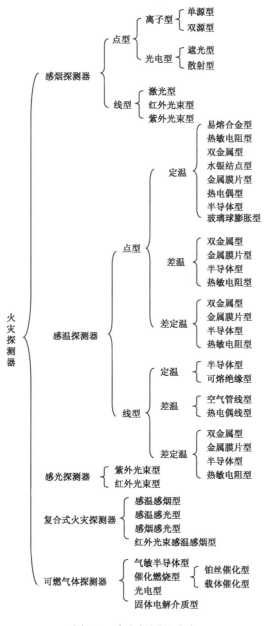

图 2-4   火灾探测器分类

3. 感烟探测器

除易燃易爆物质遇火立即爆炸起火外，一般物质的燃烧通常都要经过初始、发展、熄灭3个过程。感烟探测器能够探测到火灾初期所产生的烟雾，它灵敏度高，响应速度快，能及早发现火情，对初期灭火和早期避难都十分有利，是建筑消防系统中使用最多最广的一种探测器。

（1）离子感烟探测器。离子感烟探测器是根据烟雾（烟粒子）黏附（亲附）电离离子，使电离电流发生变化这一原理设计的。图 2-5 是一种离子感烟探测器，其中图 2-5（c）所示的是离子感烟探测器的原理框图，它有两个电离室：一个是补偿室（也称内电离室）；另一个是检测室（也称外电离室）。内电离室是密封的，烟雾不能近入，外电离室开有孔，烟雾很容易进入，在两个串联电离室的两端加上 24V 直流电压。

当发生火灾时，烟雾进入检测电离室，烟雾粒子将黏附被电离的正离子和负离子，使电离电流减小，检测电离室空气的等效阻抗增加，而补偿电离室因无烟雾进入，其阻抗保持不变。因此，施加在两个电离室两端的电压将发生变化。当检测电离室两端电压增加到一定值时，开关电路动作，发出报警信号，同时点亮确认灯。探测器内还有故障自动检测电路和火灾模拟检查电路，能够检查出断线故障和进行火灾探测模拟试验。

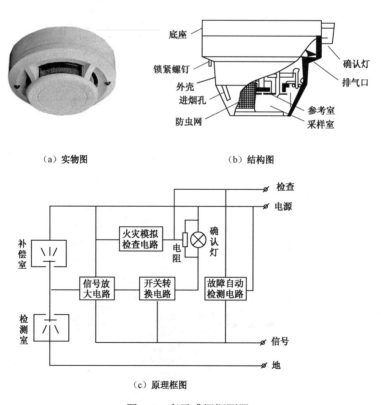

（a）实物图　　　　　　　　　（b）结构图

图 2-5　离子感烟探测器

（2）光电感烟探测器。光电感烟探测器是利用火灾发生时产生的烟雾要改变光的传播特性，并通过光电效应而制作的一种火灾探测器。因为它具有可靠性高、无放射性、寿命长、结构紧凑等优点，近年来得到越来越广泛的使用。光电感烟探测器又分为遮光型和散射型两种。

遮光型光电感烟探测器的原理如图 2-6（a）所示。由光束发射器、光电接收器和暗室组成检测室，当有烟雾从暗室开的小孔进入检测室时，烟粒子将光源发出的光束遮挡，使接收器接收到的光能量减弱，减弱程度与进入检测室的烟雾浓度有关。当烟雾渐浓，接收到的光能量减弱到一定程度时，接收器输出一个电信号，经放大器放大后送到火灾报警控制器报警。散射型光电感烟探测器的原理如图 2-6（b）所示，它是利用烟离子对光的散射作用而制成的。它和遮光型光电感烟探测器的主要区别在暗室结构上，其余电路组成、抗干扰方法等基本相同。

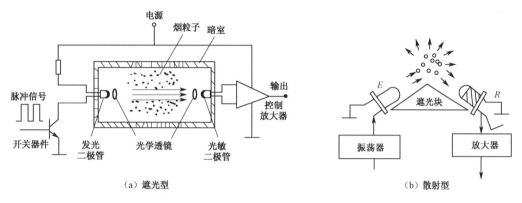

（a）遮光型　　　　　　　　　　　　　　　　（b）散射型

图 2-6　光电感烟探测器原理示意图

（3）线型光电感烟探测器。线型光电感烟探测器的实物图及原理分别如图 2-7 和图 2-8 所示。它也是由光束发射器和光电接收器组成的，但它们分别安装在被保护区域的两端。在无烟情况下，光束发射器发出的光束照射到光电接收器上，电路不输出信号。当发生火灾有烟雾进入被保护空间时，光束将被烟雾遮挡，光电接收器收到的光能量会减弱，当减弱到预定值时，光电接收器便向火灾报警控制器输出报警信号。该探测器特别适用于高层建筑群、文物保护建筑设施、厅堂馆所、仓库群等场所。

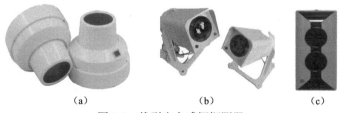

（a）　　　　　　　　　（b）　　　　　　　　　（c）

图 2-7　线型光电感烟探测器

因为这种光电感烟探测器是利用空间的一段光束来探测烟雾的存在，所以称为线型光电感烟探测器，也称为分离型光电感烟探测器。前面讲的遮光型和散射型光电感烟探测器，由于它们的光束发射器和接收器置于同一装置（暗室）中，故又称为点型光电感烟探测器。

线型光电感烟探测器按光源不同分为红外光束型、紫外光束型和激光型 3 种。因为激光型具有脉冲功率大、效率高、体积小和寿命长等优点，所以应用越来越普遍。

4．感温探测器

火灾初期除会产生烟雾外，还必然会因燃烧释放热量，使周围的空气温度迅速升高。感温探测器能探测到火灾造成的高温或温升速度异常。与感烟探测器比较，它具有可靠性较高、

对环境条件要求更低的优点，但对火灾初期的响应较迟钝，它常与感烟探测器配合使用。感温探测器实物图如图 2-9 所示。

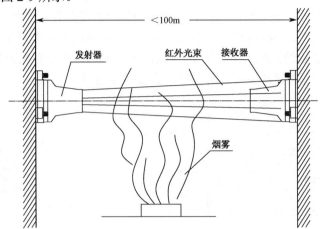

图 2-8　线型光电感烟探测器工作原理图

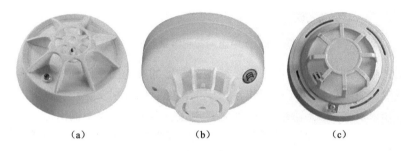

（a）　　　　　　　　　　（b）　　　　　　　　　　（c）

图 2-9　感温探测器实物图

（1）点型感温探测器。点型感温探测器根据探测方法不同，又分为定温探测器、差温探测器和差定温探测器 3 种。

定温探测器是当发生火灾，室内环境温度达到探测器的设定温度时，探测器动作，发出报警信号。我国把动作温度从 60～150℃ 规定为 11 个值，以供不同环境温度选用，即 60℃、65℃、70℃、80℃、90℃、100℃、110℃、120℃、130℃、140℃、150℃。在工程设计中，探测器的动作温度通常是以不高出其所在安装位置最高环境温度的 20～35℃ 来确定的。

定温探测器根据构造不同可以分为双金属型、易熔合金型、水银结点型、热敏电阻型、半导体型等。其中双金属型定温探测器实物及结构图如图 2-10 所示，其工作原理是以具不同膨胀系数的双金属片为敏感元件。当发生火灾，环境温度上升时，底部金属伸长量大于上部金属伸长量，双金属片向上弯曲接触触点，回路闭合发出火灾报警信号。

差温探测器是通过探测周围的环境温度上升速率来判断是否发生火灾，当环境温度超过预定值时，则输出报警信号。信号温度上升速率的预定值为 1℃/min、3℃/min、5℃/min、10℃/min、20℃/min、30℃/min 等。

差定温探测器是将差温式、定温式两种感温探测器结合在一起，同时兼有两种火灾探测功能的一种火灾探测器。其中某一种功能失效，则另一种功能仍起作用，因而大大提高了可靠性，使用相当广泛。

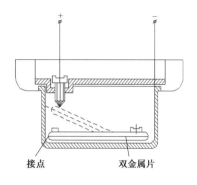

接点　　　　　双金属片

（a）实物图　　　　　　　　　　　（b）结构图

图 2-10　双金属型定温探测器

（2）线型感温探测器。线型感温探测器是对警戒范围中某一线路周围温度升高而发生响应的火灾探测器。缆式线型感温探测器由接口、感温电缆和终端 3 部分组成，如图 2-11 所示。其中感温电缆为现场火灾探测的传感部件，由两根相互绕在一起的弹性钢丝组成，每根钢丝包敷一层热敏绝缘材料，在正常监视状态下，每根钢丝间的电阻值接近无穷大。由于终端电阻的存在，正常情况下电缆中通过微小的监视电流。当感温电缆周围的环境温度升高到感温电缆的额定动作温度时，钢丝间的热敏绝缘材料熔化，使互相绕在一起的钢丝在温升点处呈短路状态，电缆中通过的监视电流增大，接口检测到该变化后，将该短路状态上传到控制器，再由控制器进行火警确认。

（a）实物图　　　　　　　　　　　　　　　（b）接线示意图

图 2-11　缆式线型感温探测器

5. 感光探测器

感光探测器又称火焰探测器，它是一种能对物质燃烧火焰的光谱特性、光照强度和火焰的闪烁频率敏感响应的火灾探测器。感光探测器分为红外感光探测器和紫外感光探测器两种。红外感光探测器能对火焰辐射的红外光敏感响应，其中光敏元件的材料采用的是对红外光敏感的硫化铅、硫化镉、硅光电池等。紫外感光探测器能对火焰辐射的紫外光敏感响应。虽然对紫外光敏感的材料和器件种类很多，但国内外用于火焰探测器的敏感元件一般是紫外充气光敏管。其实物图如图 2-12 所示。

（a）　　　　　　　（b）　　　　　　　（c）

图 2-12　感光探测器

感光探测器和感烟探测器、感温探测器比较，其主要优点是响应速度快，它能在接受到火焰辐射后的几毫秒，甚至几微秒内就发出信号。所以，特别适用于无烟突然起火情况的探测，如易燃易爆场所。

6．复合式火灾探测器

复合式火灾探测器可以响应探测火灾发生时现场产生的多种参数，只要有一种火灾信号参数达到相应的阈值，探测器立即报警，提高了火灾报警的可靠性，有感烟感温、感烟感光和感温感光等类型。例如，在厨房、地下车库、发电机房等场所，以及有气体自动灭火装置的地方，需要提高火灾报警的可靠性，可使用感烟感温复合式探测器，也可配合使用感温探测器与感烟探测器。其实物图如图 2-13 所示。

（a）　　　　　　　　　　　（b）

图 2-13　复合式火灾探测器

7．可燃气体探测器

可燃气体探测器能对空气中可燃气体浓度进行检测，当浓度超过预定值时输出报警信号，起到防爆防火的作用，可燃气体探测器能探测的气体有烷（甲烷、乙烷等）、醛（丙醛、丁醛等）、炔（乙炔等）、一氧化碳及氢气等。其实物图如图 2-14 所示。

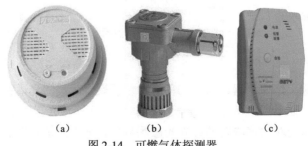

（a）　　　　　　　（b）　　　　　　　（c）

图 2-14　可燃气体探测器

8．智能型火灾探测器

随着科技水平的不断提高，智能型火灾探测器在探测器的内部增加了单片机，有微处理

信息功能，改善了探测器由于环境造成的误报和漏报等问题，得到了非常广泛的应用。例如，智能型火灾探测器可以处理收集到的环境信息，对这些信息进行计算处理、统计评估；也可以自动检测和跟踪由灰尘积累而引起的工作状态漂移，当这种漂移超出给定范围时，自动发出清洗信号；同时这种探测器跟踪环境的变化，自动调节探测器的工作参数，因此可大大降低由灰尘积累和环境变化所造成的误报和漏报；还具备自动存储最近时期的火警记录的功能。

2.2.2　火灾探测器的主要技术指标

火灾探测器的种类较多，工作原理和构成也不尽相同，但它们的主要技术指标大致一样。

1. 可靠性

可靠性是火灾探测器最重要的性能指标，通常用其误报率来衡量，误报是指火灾探测器的漏报和监视警戒状态时的虚报。

2. 灵敏度

灵敏度是指火灾探测器响应火灾物理量（烟、温度、辐射光、可燃气体等）的敏感程度。

（1）感烟探测器的灵敏度：感烟探测器的灵敏度是指其响应不同烟雾浓度的敏感程度。按国家消防部门的规定，感烟探测器的灵敏度用减光率 δ（每米烟雾减光率）来标定。

$$\delta = \frac{I_0 - I}{I_0} \times 100\%$$

式中　I_0——标准光束无烟时在 1 m 处的光强度；

　　　I——标准光束有烟时在 1 m 处的光强度。

由上可见，δ 是标准光束穿过单位厚度（1 m）的烟雾后，光强度减小的百分数。

根据对烟雾参数的敏感程度，感烟探测器的灵敏度分为 3 级，即：一级，δ=5%～10%；二级，δ=10%～20%；三级，δ=20%～30%。

显然，一级灵敏度最高，它表示在烟雾浓度很小的情况下，探测器也能敏感响应。在选用时，应考虑使用环境、建筑物的功能等因素。通常，一级用于无（禁）烟及重要场所；二级用于少烟场所，如居室、客房、办公室等；其他场所可用三级。

（2）感温探测器的灵敏度：感温探测器的灵敏度是以响应温度参数的敏感程度来判断的。

根据对温度参数的敏感程度，感温探测器的灵敏度分为 3 级，即一级为 62℃、二级为70℃、三级为 78℃，对应的色标分别为绿色、黄色、红色。

定温式探测器的动作温度在环境无特殊要求时，一般选用二级。

3. 保护范围

保护范围是指一只探测器警戒（监视）的有效范围。它是确定火灾自动报警系统中采用探测器数量的基本依据。不同种类的探测器由于对火灾探测的方式不同，其保护范围的单位和衡量方法也不一样，一般分为以下两类。

（1）保护面积：是指一只火灾探测器有效探测的面积。点型的感烟探测器、感温探测器都是以有效探测的地面面积来表示其保护范围，单位是 m^2，国家标准对此有统一规定，如表 2-1 所示。

（2）保护空间：是指一只火灾探测器有效探测的空间范围。感光探测器就是用视角和最大探测距离两个量来确定其保护空间。探测器的保护空间目前尚无统一规定，由生产厂家确定。

表 2-1　感烟探测器、感温探测器的保护面积和保护半径

火灾探测器的种类	地面面积 S（m²）	房间高度 h（m）	一只探测器的保护面积 A 和保护半径 R					
			屋顶坡度 θ					
			$\theta \leqslant 15°$		$15° < \theta \leqslant 30°$		$\theta > 30°$	
			A（m²）	R（m）	A（m²）	R（m）	A（m²）	R（m）
感烟探测器	$S \leqslant 80$	$h \leqslant 12$	80	6.7	80	7.2	80	8.0
	$S > 80$	$6 < h \leqslant 12$	80	6.7	100	8.0	120	9.9
		$h \leqslant 6$	60	5.8	80	7.2	100	9.0
感温探测器	$S \leqslant 30$	$h \leqslant 8$	30	4.4	30	4.9	30	5.5
	$S > 30$	$h \leqslant 8$	20	3.6	30	4.9	40	6.3

2.2.3　火灾探测器的选择与安装

1．火灾探测器的选择

火灾探测器的选择应根据探测区域内的环境条件、火灾特点、安装场所气流状况及房间高度等，选用与其相适宜的探测器或几种探测器的组合。

1）根据火灾特点、环境条件及安装场所选择探测器

火灾受可燃物质的类别、着火的性质、可燃物质的分布、着火场所的条件、火载荷重、新鲜空气的供给程度及环境温度等因素的影响。一般把火灾的发生与发展分为 4 个阶段：前期→早期→中期→晚期。火灾特点分析如表 2-2 所示。

表 2-2　火灾特点

火灾阶段	火灾形成情况	环境参数	损失程度
前期	尚未形成	有一定量的烟	基本无
早期	开始形成	烟量大增，温度上升	较小
中期	形成	温度很高	较大
晚期	扩散	火焰较大	大

根据表 2-2 对火灾特点的分析，对探测器选择如下。

（1）感烟探测器在火灾前期、早期报警非常有效，凡是要求火灾损失小的重要地方，对火灾初期有阴燃阶段，即产生大量的烟和少量的热，很少或没有火焰辐射的场所，都适于选择感烟探测器。

感烟探测器不适宜的场所：相对湿度经常高于 95%；可能发生无烟火灾；有大量粉尘；在正常情况下有烟和水蒸气滞留；发火迅速、产生烟极少、具有爆炸性的场所（可采用火焰探测器），如厨房、锅炉房、发电机房、茶炉房、烘干房、汽车库、吸烟室、小会议室等。

除此之外，离子型感烟探测器对于人眼看不到的微小颗粒同样敏感，如人能嗅到的油漆味、烤焦味等都能引起探测器动作，气流速度大于 5 m/s，即风速过大的场所也将引起探测器不稳定，不适合使用离子型感烟探测器；而光电型感烟探测器不适合可能产生黑烟、存在高频电磁干扰和大量昆虫充斥的场所。

感烟探测器适宜的场所：办公楼、教学楼、百货楼的厅堂、办公室、库房；饭店、旅馆的客房、餐厅、会客室及其他公共活动场所；电子计算机房、通信机房及其他电气设备的机房及易产生电器火灾的危险场所；书库、档案库等；空调机房、防排烟机房及有防排烟功能要求的房间或场所；重要的电缆（电线）竖井、配电室等；楼梯间、前室和走廊通道；电影或电视放映室等。另外，对于在火势蔓延前产生可见烟雾、火灾危险性大的场合，如电子设备机房、配电室、控制室等处，宜采用光电感烟探测器，或光电和离子型感烟探测器的组合。

无遮挡的大空间或有特殊要求的场所，宜选择线型光电感烟探测器。

（2）感温探测器在火灾形成早期（早期、中期）报警非常有效，因其工作稳定，不受非火灾性烟、雾、气、尘等干扰。凡无法应用感烟探测器、允许产生一定的物质损失的非爆炸性的场合都可以采用感温型探测器。其特别适用于经常存在大量粉尘、烟雾、水蒸气的场所及相对湿度经常高于 95% 的房间。

感温探测器不宜用于有可能产生阴燃（大量烟、少量热）或者若发生火灾不及早报警将造成重大损失的场所。此外，在 0℃ 以下的场所不宜选用定温型探测器；正常情况下温度变化较大的场所，不宜选用差温探测器。

定温探测器允许温度有较大的变化，比较稳定，但火灾造成的损失较大。差温探测器适用于火灾早期报警，火灾造成损失较小，但因火灾温度升高过慢无反应而易造成漏报。差定温探测器具有差温探测器的优点而又比差温探测器可靠，所以最好选用差定温探测器，尤其对火灾初期环境温度变化难以肯定的，最好选用差定温探测器，如垃圾间等有灰尘污染的场所。

电缆托架、电缆隧道、电缆夹层、电缆沟、电缆竖井等场所，宜采用线型感温探测器。

（3）火焰探测器比较适用于火灾发生时有强烈的火焰辐射；无阻燃阶段的火灾；需要对火焰做出快速反应的场所；另外，大型库房、中厅、室内广场、大型车库等高大空间建筑也适合选用火焰探测器或其组合。

火焰探测器不适用于在火焰出现前有浓烟扩散的场所及探测器的镜头易被污染、遮挡以及受电焊、X 线等影响或者易受阳光或其他光源直接或间接照射的场所。

（4）在重要性很高，火灾危险性很大的场所，要求可靠性比较高，有自动联动装置或安装自动灭火系统，需要采用感烟、感温、火焰探测器（同类型或不同类型）的组合。

（5）在散发可燃气体、可燃蒸气和可燃液体的场所，最好选用可燃气体探测器。

（6）对火灾形成特征不可预料的场所，可根据模拟试验的结果选择探测器。

由以上可知，大部分地方均可采用感烟探测器，它具有稳定性好、误报率低、寿命长、结构紧凑、保护面积大等优点，已得到广泛应用。其他类型的探测器，只在某些特殊场合作为补充时才用到。为方便选用，点型火灾探测器可根据表 2-3 进行选用。

表 2-3　点型火灾探测器的选用表

序号	场所或情形	感烟		感温			感光		说明
		离子	光电	定温	差温	差定温	红外	紫外	
1	饭店、宾馆、教学楼、办公楼的厅堂、卧室、办公室（楼）	○	○						厅堂、办公室、会议室、值班室、娱乐室、接待室等，灵敏度档次为中、低、可延时；卧室
2	电子计算机房、通信机房、电影电视放映室等	○	○						这些场所灵敏度要高或高、中档次联合使用
3	楼梯、走道、电梯、机房等	○	○						灵敏度档次为高、中
4	书库、档案库	○	○						灵敏度档次为高
5	有电器火灾危险	○	○						早期热解产物，气溶胶微粒小，可用离子型；气溶胶微粒大，可用光电型
6	气流速度大于 5 m/s	×	○						
7	相对湿度经常高于95%	×				○			根据不同要求也可选用定温或差温型
8	有大量粉尘、水雾滞留	×	×	○					
9	有可能发生无烟火灾	×	×	○	○	○			根据具体要求选用
10	在正常情况下有烟和水蒸气滞留	×	×	○	○	○			
11	有可能产生蒸气和油雾		×						
12	厨房、锅炉房、发电机房、茶炉房、烘干车间等			○		○			在正常高温环境下，感温探测器的额定动作温度值可定得高些，或选用高温感温探测器
13	吸烟室、小会议室等				○	○			若选用感烟探测器则应选低灵敏档次
14	汽车库				○	○			
15	其他不宜安装感烟探测器的厅堂和公共场所	×	×	○	○	○			
16	可能产生阻燃或者若发生火灾不及早报警将造成重大损失的场所	○	○	×	×	×			
17	温度在 0℃ 以下			×					
18	正常情况下，温度变化较大的场所	×							

续表

序号	探测器类型 场所或情形	感烟		感温			感光		说明
		离子	光电	定温	差温	差定温	红外	紫外	
19	可能产生腐蚀性气体	×							
20	产生醇类、醚类、酮类等有机物质		×						
21	可能产生黑烟		×						
22	存在高频电磁干扰		×						
23	银行、百货店、商场、仓库	○	○						
24	火灾时有强烈的火焰辐射						○	○	如含有易燃材料的房间、飞机库、油库、海上石油钻井和开采平台；炼油裂化厂
25	需要对火焰做出快速反应						○	○	如镁和金属粉末的生产，大型仓库、码头
26	无阻燃阶段的火灾						○	○	
27	博物馆、美术馆、图书馆	○	○				○	○	
28	电站、变压器间、配电室	○	○						
29	可能发生无焰火灾						×	×	
30	在火焰出现前有浓烟扩散						×	×	
31	探测器的镜头易被污染						×	×	
32	探测器的"视线"易被遮挡						×	×	
33	探测器易受阳光或其他光源直接或间接照射						×	×	
34	在正常情况下有烟火作业以及X线、弧光等影响						×	×	
35	电缆隧道、电缆竖井、电缆夹层							○	发电厂、发电站、化工厂、钢铁厂
36	原料堆垛							○	纸浆厂、造纸厂、卷烟厂及工业易燃堆垛
37	仓库堆垛							○	粮食、棉花仓库及易燃仓库堆垛
38	配电装置、开关设备、变压器、电控中心						○		
39	地铁、名胜古迹、市政设施						○		
40	耐碱、防潮、耐低温等恶劣环境						○		

续表

序号	场所或情形	感烟		感温			感光		说明
		离子	光电	定温	差温	差定温	红外	紫外	
41	皮带运输机生产流水线和滑道的易燃部位					○			
42	控制室、计算机室的闷顶内、地板下及重要设施隐蔽处等					○			
43	其他环境恶劣不适合点型感烟探测器安装的场所					○			

注：1. 符号说明：在表中，"○"适合的探测器，应优先选用；"×"不适合的探测器，不应选用；空白，无符号表示，须谨慎使用。

2. 下列场所可不设火灾探测器：因气流影响，靠火灾探测器不能有效探测火灾场所，如厕所，浴室等；不便维修、使用（重点部位除外）的场所，如天棚和上层楼板间距、地板与楼板间距小于0.5 m的场所和火灾探测器的安装面与地面高度大于12 m（感烟）、8 m（感温）的场所；闷顶及相关吊顶内的构筑物和装修材料是难燃型的或者已装有自动喷水灭火系统的闷顶或吊顶的场所均可不设火灾探测器。

2）根据房间高度选择探测器

由于各种探测器的特点各异，其适用的房间高度也不一致，为了使选择探测器能更有效地达到保护的目的，可根据表2-4选择探测器。

表2-4　对不同高度的房间点型火灾探测器的选择

房间高度h（m）	感烟探测器	感温探测器			火焰探测器
		一级	二级	三级	
12＜h≤20	不适合	不适合	不适合	不适合	适合
8＜h≤12	适合	不适合	不适合	不适合	适合
6＜h≤8	适合	适合	不适合	不适合	适合
4＜h≤6	适合	适合	适合	不适合	适合
h≤4	适合	适合	适合	适合	适合

在按房间高度选用探测器时，应注意这仅仅是按房间高度对探测器选用的大致划分，具体选用时还须结合火灾的危险程度和探测器本身的灵敏度档次来进行。在判断不准时须做模拟试验后最后确定。

在符合表2-3和表2-4的情况下确定的探测器，若同时有两种以上探测器符合条件，应选保护面积大的探测器。

2．火灾探测器的安装

1）点型火灾探测器

探测器安装示意图，如图2-15所示。

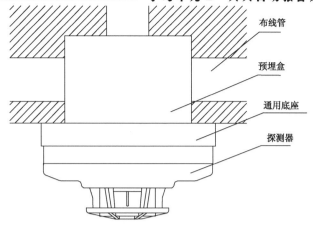

图 2-15 探测器安装示意图

探测器的底座外形示意图，如图 2-16 所示。底座上有 4 个导体片，片上带接线端子，底座上不设定位卡，便于调整探测器报警确认灯的方向。布线管内的探测器总线分别接在任意对角的两个接线端子上（不分极性），另一对导体片用来辅助固定探测器。

待底座安装牢固后，将探测器底部对正底座顺时针旋转，即可将探测器安装在底座上。

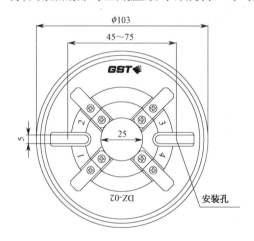

图 2-16 探测器通用底座外形示意图

> ⓘ **说明**：探测器的二总线布线宜选用截面积 ≥1.0 mm^2 的 RVS 双绞线，穿金属管或阻燃管敷设。

2）线型光束感烟探测器

下面以 JTY-HS-G2K 的探测器为例进行说明。

（1）探测器具体构造。探测器结构示意图，如图 2-17 所示。

① 旋钮：在调试状态下，用来调节接收信号的强弱。

② 指示灯：发射器、接收器分别有一对红色指示灯和黄色指示灯，用来指示探测器的状态。

③ 底座由两部分组成：调节板与底盘。

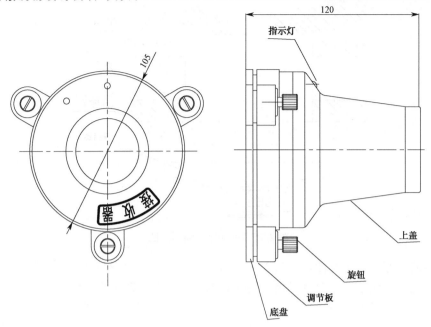

图 2-17　探测器结构示意图

调节板示意图，如图 2-18 所示。

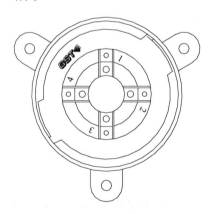

图 2-18　调节板示意图

底座的调节板上有 4 个导体片，片上带接线端子。发射器任意对角的两个接线端子接电源线（无极性），另一对导体片用来辅助固定探测器；接收器的 1、3 接线端子接电源线（无极性），2、4 接线端子接信号线（无极性）。只要将探测器底座上的定位爪按照缺口位置插入到底座上，顺时针旋紧即可。

底盘示意图，如图 2-19 所示。

底盘结构中各部件功能说明如下。

◆　安装孔：用于固定底座，固定孔距 40～74 mm。

◆　定位槽：用于安装调节板定位。

◆　预埋线进线孔：用于管路预埋在墙内的线进线。

◆ 明线进线孔：用于管路明装的线进线。

◆ 安装方向：指示底盘安装方向，安装时要求箭头向上。

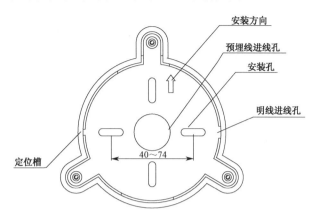

图 2-19 底盘示意图

（2）安装步骤。首先安装发射器，然后测量接收器安装位置后，再安装接收器。

① 固定底盘：首先按图 2-19 所示安装孔尺寸在墙上安装膨胀螺栓，旋下底座上的旋钮，使底座的调节板与底盘分开，并将旋钮与弹簧妥善保管好，然后将线从探测器进线孔穿入，若线管预埋，则从底座预埋线进线孔穿线；若线管明装，则从底座明线进线孔穿线。最后再按安装方向将探测器底盘固定在墙壁上。

② 安装调节板：将弹簧放回底盘，将调节板底部的小定位柱对准底盘定位槽位置，旋好旋钮。

③ 按图 2-20 系统接线示意图接线。

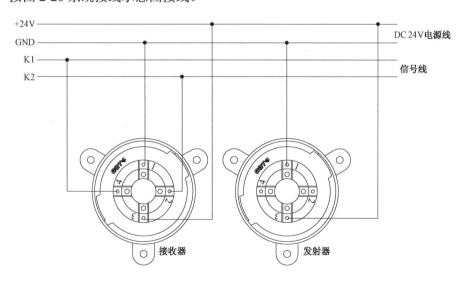

图 2-20 系统接线示意图

布线要求：电源线宜选用截面积≥1.0 mm^2 的双铰阻燃铜芯线，穿金属管或阻燃管敷设，信号线宜选用截面积≥0.5 mm^2 的 RV 电缆线，穿金属管或阻燃管敷设。

④ 安装发射器：将发射器底部两个定位爪对准调节板缺口位置插入到底座上，顺时针旋紧即可。

⑤ 测量接收器安装位置：将接收器的 1、3 接线端子接 DC 24V 电源线，接通接收器和发射器电源，在与发射器相对、处于同一水平面的位置上移动接收器，直到接收器的红色指示灯和黄色指示灯均熄灭或黄色指示灯点亮，记下此位置，即为接收器应固定的位置。

⑥ 安装接收器：安装前首先应在上述测量位置处安装膨胀螺栓，重复①～④步骤即可安装接收器。

2.3 手动火灾报警按钮

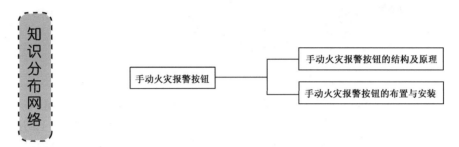

手动报警按钮是手动触发的报警装置，在火灾自动报警系统中必须设置自动和手动两种触发装置。当发生火灾，火灾自动探测器出现故障、失灵时能及时报警，从而联动控制设备动作灭火；另外手动火灾报警按钮的设置也可以确切火灾的发生，及时进行一系列的灭火动作。因为手动火灾报警按钮报警的出发条件是人工按下按钮启动，火灾确切发生的概率比火灾探测器要大得多，几乎没有误报的可能。当按下手动报警按钮后的 3～5 秒，按钮上的火警确认灯点亮，表示火灾报警控制器已经收到火警信号，并且确认了现场位置。其实物图如图 2-21 所示。

图 2-21　手动火灾报警按钮

2.3.1 手动火灾报警按钮的结构及原理

手动火灾报警按钮一般安装在公共场所，当人工确认发生火灾后，按下报警按钮上的有机玻璃片，即可向控制器发出报警信号。控制器接收到报警信号后，将显示出报警按钮的编号或位置并发出报警声响，如手动报警按钮带电话插孔，此时只需将消防电话分机插入电话插座即可与电话主机通信。

手动火灾报警按钮内置单片机，内含 EEPROM 用于存储地址码、设备类型等信息，具有完成报警检测及与控制器通信的功能。报警按钮采用按压报警方式，通过机械结构进行自

锁，可减少人为误触发现象，其外形和按钮端子示意图如图 2-22 所示。

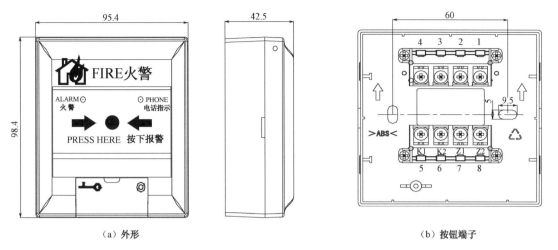

（a）外形　　　　　　　　　　　　　　　　　（b）按钮端子

图 2-22　手动火灾报警按钮结构图

2.3.2　手动火灾报警按钮的布置与安装

1．手动火灾报警按钮的布置原则

（1）每个防火分区应至少设置一个手动火灾报警按钮。从一个防火分区内的任何位置到最邻近的一个手动火灾报警按钮的距离不应大于 30 m。手动火灾报警按钮宜设置在公共活动场所的出入口处，即明显的和便于操作的部位。当安装在墙上时，其底边距地高度宜为 1.3～1.5 m，按钮盒应具有明显的标志和防误动作的保护措施。

（2）手动火灾报警按钮宜在以下部位装设：

① 各楼层的楼梯间、电梯前室；

② 大厅、过道、主要公共活动场所出入口；

③ 餐厅、多功能厅等处的主要出入口；

④ 主要通道等经常有人通过的地方。

2．手动火灾报警按钮的安装

下面以 J-SAM-GST9121（不带电话插孔）为例进行说明。

（1）安装前应首先检查外壳是否完好无损，标识是否齐全。

（2）安装时只需拔下报警按钮，从底壳的进线孔中穿入电缆并接在相应端子上，再插好报警按钮即可，安装孔距为 60 mm，报警按钮端子示意图如图 2-23 所示。手动火灾报警按钮安装采用进线管明装和进线管暗装两种方式，安装示意图如图 2-24 所示。

图 2-23 中，报警按钮端子说明如下。

◆ Z1、Z2：无极性信号二总线接线端子。

◆ K1、K2：额定 DC 30V/100 mA 无源常开输出端子，当报警按钮按下时，输出触点闭合信号，可直接控制外部设备。

布线要求：Z1、Z2 可选用截面积不小于 1.0 mm^2 的 RVS 双绞线。

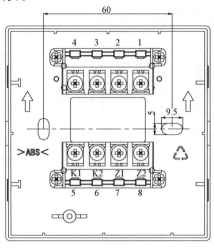

图 2-23　报警按钮端子示意图

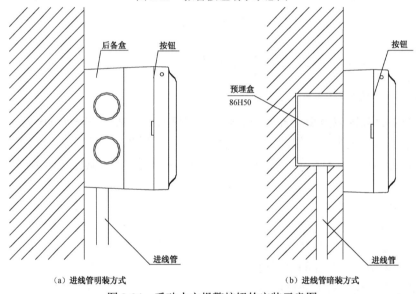

（a）进线管明装方式　　　　　　　　　　（b）进线管暗装方式

图 2-24　手动火灾报警按钮的安装示意图

3. 工程应用

手动火灾报警按钮在工程中应用时，只需将报警按钮的 **Z1**、**Z2** 端子直接接入控制器总线上即可，如图 2-25 所示。

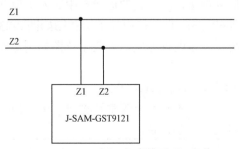

图 2-25　手动火灾报警按钮接线图

2.4　火灾报警控制器

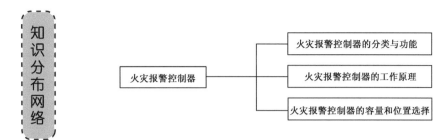

火灾报警控制器是火灾报警及联动控制系统的核心设备，它是给火灾探测器供电、接收、显示及传递火灾报警等信号，并能输出控制指令的一种自动报警装置。火灾报警控制器可单独用作火灾自动报警，也可与自动防灾及灭火系统联动，组成自动报警联动控制系统。还能启动自动记录设备，记下火灾状况，以备事后查询。其实物图如图 2-26 所示。

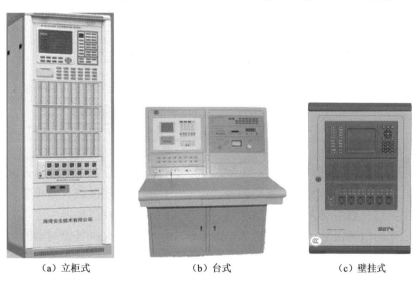

（a）立柜式　　　　　　　（b）台式　　　　　　　（c）壁挂式

图 2-26　火灾报警控制器

2.4.1　火灾报警控制器的分类与功能

1. 火灾报警控制器的分类

火灾报警控制器的种类繁多，从不同角度有不同的分类，具体分类如图 2-27 所示。

（1）按结构形式可分为：壁挂式、台式、立柜式 3 种，如图 2-26 所示。

（2）按控制范围可分为：区域型、集中型、通用型 3 种。

① 区域火灾报警控制器。直接连接火灾探测器，接收和处理探测器或其他设备发来的报警信号。它可以在一定区域内组成独立的火灾报警系统，也可以与集中火灾报警控制器连接起来，组成大型火灾报警系统，并作为集中火灾报警控制器的一个子系统。其形式种类多样，系统布线方式上可以有总线制和多线制两种。结构上有壁挂式、台式和立柜式 3 种。

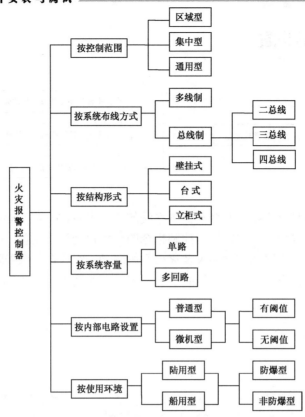

图 2-27　火灾报警控制器分类

② 集中火灾报警控制器。接收区域火灾报警控制器（包括相当于区域火灾报警控制器的其他装置）或火灾探测器发来的报警信号，并发出控制信号使区域火灾报警控制器工作。在实际应用中，它一般不与火灾探测器相连，而与区域火灾报警控制器相连，处理区域火灾报警控制器送来的报警信号，常用在较大型的系统中。集中火灾报警控制器的结构和外形分类同区域火灾报警控制器。

③ 通用火灾报警控制器。兼有区域、集中两组火灾报警控制器的双重特点，既可通过参数设置作为区域火灾报警控制器，又可作为为集中火灾报警控制器。

（3）按系统布线方式可分为多线制和总线制两种。

① 多线制火灾报警控制器。用于多线制系统中，其探测器与控制器的连接采用一一对应的方式。每个探测器至少有 1 根线与控制器连接，有四线制、三线制、二线制等形式，连线较多，仅适用于小型火灾自动报警系统，目前基本不用，如图 2-28 所示。

② 总线制火灾报警控制器。采用地址编码技术，整个系统只用几根总线，建筑物内布线极其简单，给设计、施工和维护带来极大的方便，被广泛采用，如图 2-29 所示。

2．火灾报警控制器的主要功能

（1）供电功能：为控制器主机和火灾探测器提供工作电源。

（2）主备用电源自动监控转换功能：火灾报警控制器的主电源是交流 220V 市电，其直流备用电源一般为镍镉电池。当市电停电或出现故障时，能自动转换到备用直流电源。市电

恢复正常后，又能自动切换到交流 220V 市电，此时稳压电源要给电池充电，当充好后，自动断开，以备下次使用。当市电断电，备用直流电源电压偏低时，区域火灾报警控制器能及时发出备用电源欠压的报警信号。

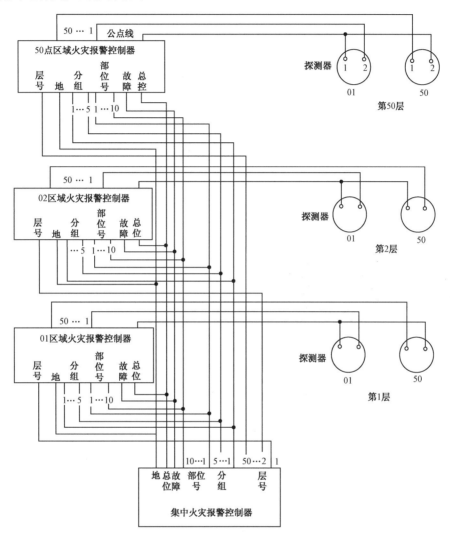

图 2-28　二线制的连接示意图

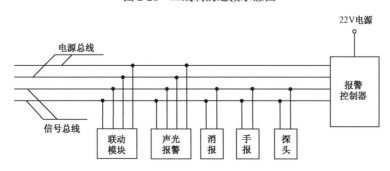

图 2-29　二总线布线的接线示意图

（3）火灾报警：当收到探测器、手动报警按钮、消火栓按钮及输入模块所配接的设备所发来的火警信号时，均可在报警控制器中报警。

（4）故障报警：系统运行时控制器分时巡检，若有异常（设备故障）发出声光报警信号，并显示故障类型及编码等。

（5）火警优先：在故障报警时，若发生火灾则报火警，而当火警清除后又自动报原有的故障。

（6）时钟与火灾发生时间的记忆：系统中的时钟通过软件编程实现、具有相应的存储单元，记忆事故发生时间，也可以自动打印火灾发生时间、地址等信息。

（7）自检功能：为了提高报警系统的可靠性，控制器设置了检查功能，可定期或不定期地进行模拟火警检查。

（8）手动检查功能：由于自动火灾报警系统对火警和各类故障均进行自动监控，而且平时该系统处于监视状态，在无火警、无故障时，使用人员无法知道这些自动监控功能是否完好。所以，在火灾报警控制器上都设置了手动检查试验装置，可供随时或定期检查系统各部分的电路和元、器件是否完好无损，系统各种自动监控功能是否正常，以保证火灾自动报警系统处于正常工作状态。手动检查试验后，设备能自动或手动复原。

（9）输出控制功能：

① 有 V、VG 端子，输出 DC 24V，供火警时切断空调、通风设备的电源，关闭防火门或启动自动消防设施设备，阻止火灾蔓延扩大；

② 有 L1、L2 端子，可用双绞线将多台控制器连通以组成多区域集中报警系统；

③ 有 GTRC 端子，可输出 RS-232 信号，与 CRT 联机。

（10）联动控制：联动控制可分自动联动和手动启动两种方式，但都是总线联动控制方式。在自动联动方式时，先按"E"键与"自动"键，"自动"灯亮，使系统处于自动联动状态。当现场主动型设备（包括探测器）发生动作时，满足既定逻辑关系的被动型设备将自动被联动。联动逻辑因工程而异，出厂时已存储于控制器中。手动启动在"手动允许"时才能实施，手动启动操作应按操作顺序进行。

无论是自动联动还是手动启动，该动作的设备编号均应在控制面板上显示，同时"启动"灯亮。已经发生动作的设备的编号也在此显示，同时"回答"灯亮。

2.4.2 火灾报警控制器的工作原理

下面以 JB-QB-GST5000 火灾报警控制器为例，介绍火灾报警控制器的工作原理。本控制器集报警、联动于一体，可完成探测报警及消防设备的启/停控制。其配置包括控制器主机、智能手动消防启动盘，多线制控制盘、电源（主要为电源和主机）。其结构和端子示意图分别如图 2-30 和图 2-31 所示。

图 2-31 中，火灾报警控制器端子功能说明如下。

◆ L、G、N：交流 220V 接线端子及机柜保护接地线端子。

◆ +24V、GND：DC 24V、6A 供电电源输出端子。

◆ A、B：连接其他各类控制器及火灾显示盘的通信总线端子。

◆ ZN-1、ZN-2（N=1～18）：探测器总线（无极性）。

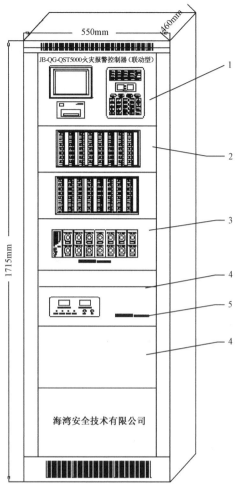

1—主机；2—智能手动消防启动盘；3—14 路多线制控制盘；

4—封板（可按需配置单元）；5—智能电源盘

图 2-30 JB-QB-GST5000 火灾报警控制器结构图

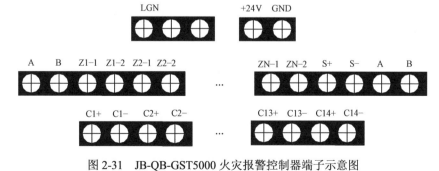

图 2-31 JB-QB-GST5000 火灾报警控制器端子示意图

◆ S+、S−：火灾报警输出端子（报警时可配置成 24V 电源输出或无源触点输出）。

◆ C1+、C1−～C14+、C14−：控制盘输出端子（最多 14 路）。

布线要求：控制盘对外控制点接线宜采用 BV 铜芯导线，导线截面积≥1.0 mm^2。

1. 电源部分

电源部分承担主机和探测器供电的任务，是整个控制器的供电保证环节，包括主电和备电。主电源是交流 220V 市电，其直流备用电源一般为镍镉电池。当市电停电或出现故障时，能自动转换到备用直流电源。市电恢复正常后，又能自动切换到交流 220V 市电。其中备电电源部分应能断开主电源后保证设备工作至少 8 小时。电源盘的选用，除具有一般的过压、过流保护外，还应有过热、欠压保护及软启动等功能。

2. 主机部分

承担着将火灾探测源传来的信号进行处理、报警并中继的作用。从原理上讲，无论是区域火灾报警控制器，还是集中火灾报警控制器，都遵循同一工作模式，即收集探测源信号→输入控制接口单元→自动监控单元→输出控制接口单元。同时，为了使用方便，主机部分增加了辅助人机接口、键盘、显示部分、输出联动控制部分、计算机通信部分、打印机部分等，如图 2-32 所示。

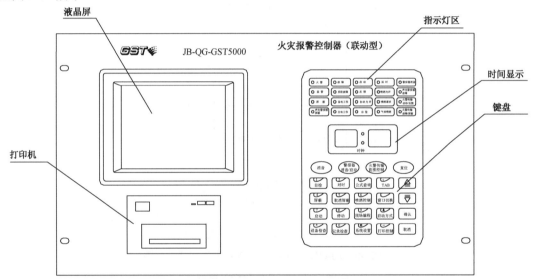

图 2-32 JB-QB-GST5000 火灾报警控制器主控面板示意图

其工作原理如图 2-33 所示。

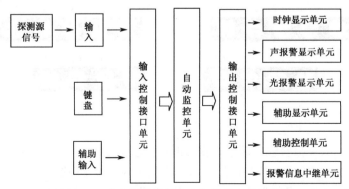

图 2-33 火灾报警控制器主机部分工作原理图

2.4.3　火灾报警控制器的容量和位置选择

1. 火灾报警控制器的容量选择

（1）区域火灾报警控制器的容量不小于报警区域的探测区域总数，探测区域数量计算具体参见学习单元 6 中的相关内容。

（2）集中火灾报警控制器的容量不小于系统内最大容量的区域火灾报警控制器的容量。区域号（层号 N）应不小于系统内所连接区域火灾报警控制器的数量。

2. 火灾报警控制器的安装位置选择

（1）区域火灾报警控制器宜安装在经常有人值班的房间或场所，如值班室、警卫室、楼层服务台等。其环境条件应清洁、干燥、凉爽、外界干扰少，同时考虑管理、维修方便等条件。

（2）集中火灾报警控制器应设置在专用的房间或消防值班室内，并有直接通向户外的通道，门应向疏散方向开启，入口处要设有明显标志，房间要有较高的耐火等级。其环境条件与区域火灾报警控制器安装场所的要求类同。

2.5　火灾显示盘的工作原理与安装

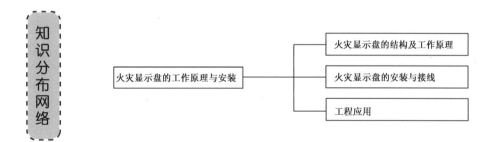

火灾显示盘是一种可用于楼层或独立防火区内的火灾报警显示装置。当建筑物内发生火灾后，消防控制中心的控制器产生报警，同时把报警信号传输到失火区域的火灾显示盘上，火灾显示盘将产生报警的探测器编号及相关信息显示出来并发出报警声响，以通知失火区域的人员。

火灾显示盘实物图，如图 2-34 所示。

图 2-34　火灾显示盘实物图

1．火灾显示盘的结构及工作原理

下面以 ZF-500 火灾显示盘为例进行说明。

（1）火灾显示盘面板及对外端子接线示意图，分别如图 2-35 与图 2-36 所示。

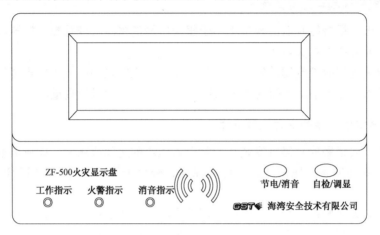

图 2-35　ZF-500 火灾显示盘示意图

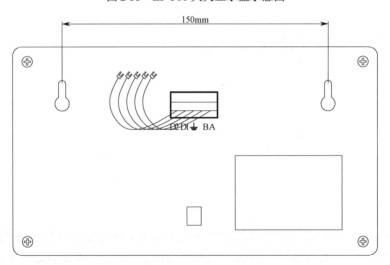

图 2-36　ZF-500 火灾显示盘对外端子接线示意图

图 2-36 中，ZF-500 火灾显示盘对外端子功能说明如下。

◆　A、B：与火灾报警控制器连接的通信总线。

◆　D1、D2：DC 24V 供电线，不分极性。

◆　⏚：接地线。

（2）工作原理：ZF-500 火灾显示盘是采用 51 系列单片机设计开发的汉字式火灾显示盘，它通过 RS-485 通信总线与火灾报警控制器相连，单片机驱动液晶屏显示相应信息，并驱动相应的声光指示，即 ZF-500 火灾显示盘可以处理并显示控制器传送过来的数据，显示已报火警的探测器位置编号及其汉字信息，并同时发出声光报警信号。

本火灾显示盘只能显示火警信息，不能显示故障、动作等其他信息。可通过火灾报警控

制器对火灾显示盘的显示区域进行设定，设定后的火灾显示盘只能显示本区域的火警信息。当用一台报警控制器同时监控数个楼层或防火分区时，可在每个楼层或防火分区设置火灾显示盘以取代区域火灾报警控制器。

2. 火灾显示盘的安装与接线

ZF-500 火灾显示盘分底座及显示盘两部分，采用壁挂式安装，外接线路可直接与显示盘的底座连接，火灾显示盘安装示意图和安装底座示意图分别如图 2-37 和图 2-38 所示。

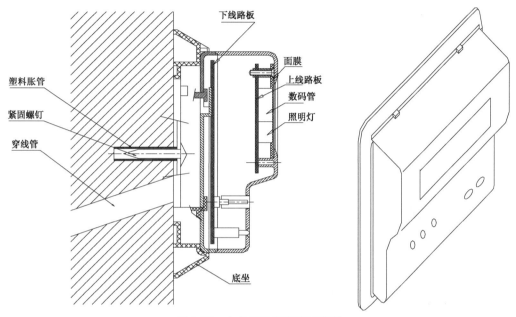

图 2-37　火灾显示盘安装示意图

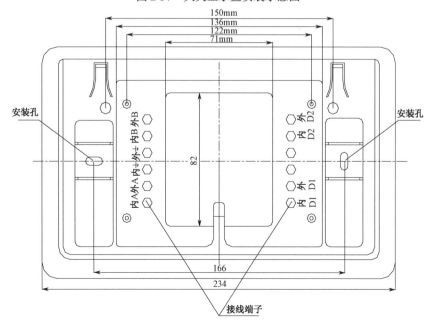

图 2-38　火灾显示盘安装底座示意图

1）固定底座

（1）在需安装火灾显示盘的墙壁上相应位置处打两个φ8的孔，要求两孔中心距离为150 mm。

（2）在孔内塞入φ8的塑料胀管。

（3）将底座置于墙上，用配套的木螺钉组合从底座的安装孔处穿出，固定在墙上孔内的塑料胀管内。

2）连线

将墙内接线盒里引出的导线及火灾显示盘上的连线如图2-36所示，分别按照拔插端子旁端子标签的标注接在拔插端子上。其中，成对的内、外端子（如内A、外A）是在电气上连接的。端子上标"内"的接火灾显示盘上的对应端子；端子上标"外"的接接线盒内对应的连接线。D1、D2电源线不分极性，如图2-38所示。

3）固定火灾显示盘

将火灾显示盘背面的三个孔对准底座相应的部位，并沿垂直于墙壁的方向用力按压火灾显示盘，同时将火灾显示盘向下滑动到底座上面的两个小钩弹起。

3．工程应用

火灾显示盘在实际工程中应用接线，如图2-39所示。

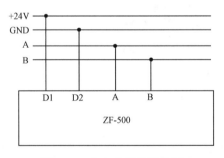

图2-39　火灾显示盘接线图

2.6　声光报警器的工作原理与安装

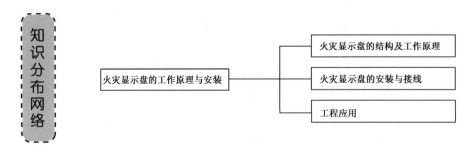

声光报警器是火灾自动报警系统中最常用的警报装置，安装在现场，用于在火灾发生时提醒现场人员注意。当火灾发生并确认后，可由消防控制中心的火灾报警控制器启动，也可

通过安装在现场的手动报警按钮直接启动。启动后报警器发出强烈的声光警号，以达到提醒现场人员注意的目的。其实物图如 2-40 所示。

图 2-40　声光报警器

声光报警器一般分为非编码型与编码型两种。编码型可直接接入报警控制器的信号二总线，而非编码型可直接由有源 24V 常开触头进行控制，如手动火灾报警按钮的输出触头控制等。

1. 声光报警器的工作原理

声光报警器外形示意图，如图 2-41 所示。

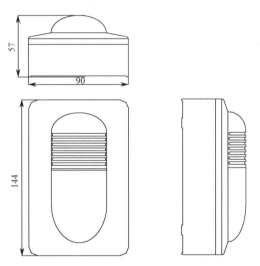

图 2-41　声光报警器外形示意图

声光报警器内嵌微处理器，微处理器实现与火灾报警控制器通信、电源总线掉电检测、声光信号启动。报警器接收到火灾报警控制器的启动命令后，开始启动声光信号，采用音效芯片经三极管和变压器放大，推动扬声器发出声响；采用定时电路控制 6 只超高亮发光二极管发出闪亮的光信号，也可通过外控触点直接启动声光信号。

2. 声光报警器的安装

安装前应首先检查外壳是否完好无损，标识是否齐全。报警器底壳与报警器之间采用插接方式，安装时为明装，可安装在 86H50 型标准预埋盒上，安装示意图如图 2-42 所示。

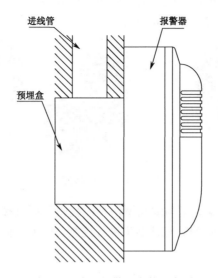

图 2-42　声光报警器安装示意图

安装底壳时应注意方向，底壳示意图如图 2-43 所示。

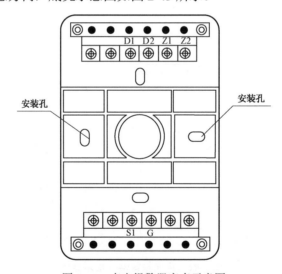

图 2-43　声光报警器底壳示意图

图 2-43 中，声光报警器各端子功能说明如下。

◆　D1、D2：接 DC 24V 电源，无极性。

◆　Z1、Z2：接控制器信号总线，无极性。

◆　S1、G：外控无源输入。

3. 工程应用

在实际工程中，声光报警器与火灾报警控制器、手动火灾报警按钮的连接，分别如图 2-44 和图 2-45 所示。

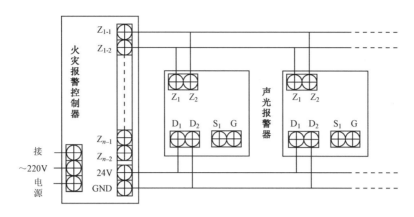

图 2-44　声光报警器与火灾报警控制器连接示意图

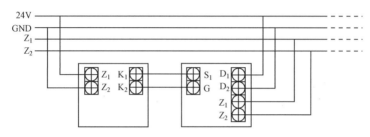

图 2-45　手动火灾报警按钮直接控制声光报警器示意图

2.7　功能模块

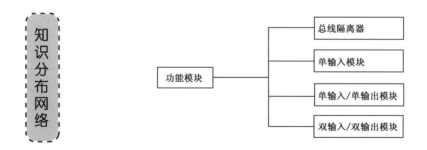

知识分布网络

在火灾自动报警及消防联动控制系统（以 **TH-HX-A** 为例）中使用的主要功能模块有总线隔离器、单输入模块、单输入/单输出模块和双输入/双输出模块。

输入模块又称为监视模块，是指由外部设备的信号通过输入模块进入主机，进行监视，如水流指示器、信号阀。它只有信号反馈不能动作。

输出模块又称为控制模块，是指控制外部设备的模块，如电磁阀接到输出模块，在输出模块动作时，给电磁阀电压使其动作。它只有动作，主机不能接收其他的信息。

输入输出模块是前面二者的结合，都是联动模块，既能反馈信息也能动作。联动指的是联动主机通过输入模块检测到一定区域或设备的报警后，通过逻辑判断，使得输出模块动作，从而完成一整套联动设备。

2.7.1 总线隔离器

总线隔离器用于隔离总线上发生短路的部分，保证总线上其他的设备能正常工作。待故障修复后，总线隔离器会自行将被隔离出去的部分重新纳入系统。并且，使用隔离器便于确定总线发生短路的位置。

工作原理：当隔离器输出所连接的电路发生短路故障时，隔离器内部电路中的自复熔丝断开，同时内部电路中的继电器吸合，将隔离器输出所连接的电路完全断开。总线短路故障修复后，继电器释放，自复熔丝恢复导通，隔离器输出所连接的电路重新纳入系统。下面以GST-LD-8313 隔离器为例进行说明。

1. 总线隔离器的外形及底座

GST-LD-8313 隔离器外形及底座和底座端子示意图，分别如图 2-46 和图 2-47 所示。

图 2-46　GST-LD-8313 隔离器外形及底座

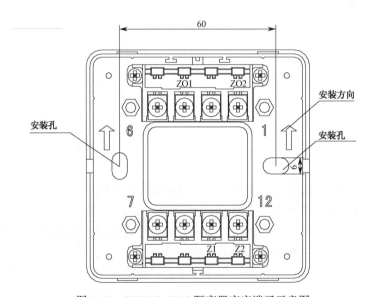

图 2-47　GST-LD-8313 隔离器底座端子示意图

图 2-47 中，GST-LD-8313 隔离器底座端子功能说明如下。

◆　Z1、Z2：输入信号总线，无极性。

◆　ZO1、ZO2：输出信号总线，无极性。

◆ 安装孔：用于固定底壳，两安装孔中心距为 60 mm。
◆ 安装方向：指示底壳安装方向，安装时要求箭头向上。安装时按照隔离器的铭牌将总线接在底壳对应的端子上，把隔离器插入底壳即可。

2. 工程应用

总线隔离器在工程中的应用接线如图 2-48 所示。

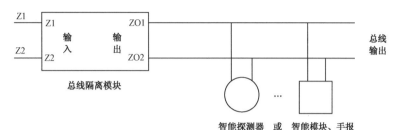

图 2-48 总线隔离器应用接线示意图

2.7.2 单输入模块

单输入模块用于接收消防联动设备输入的常开或常闭开关量信号，并将联动信息传回火灾报警控制器（联动型）。它主要用于配接现场各种主动型设备，如水流指示器、压力开关、位置开关、信号阀及能够送回开关信号的外部联动设备等。这些设备动作后，输出的动作信号可由模块通过信号二总线送入火灾报警控制器，产生报警，并可通过火灾报警控制器来联动其他相关设备的动作。

工作原理：内嵌处理器，负责对输入信号的逻辑状态进行判断，并对该逻辑状态进行处理，分别以正常、动作、故障 3 种形式传给控制器。下面以 GST-LD-8300 输入模块为例进行说明。

1. 单输入模块外形及底座

GST-LD-8300 单输入模块实物及底座端子示意图分别如图 2-49 和图 2-50 所示。

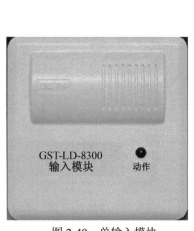

图 2-49 单输入模块

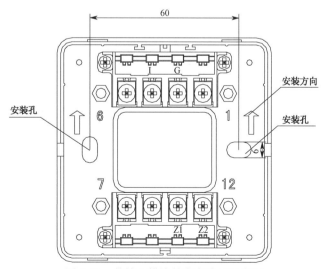

图 2-50 单输入模块的底座端子示意图

图 2-50 中，单输入模块的底座端子功能说明如下。

◆ Z1、Z2：接控制器二总线，无极性。

◆ I、G：与设备的无源常开触点（设备动作闭合报警型）连接；也可通过电子编码器设置为常闭、常开检线输入。

⚠️ **注意**：GST-LD-8300 模块输入端如果设置为"常闭检线"状态输入，模块输入线末端（远离模块端）必须串联一个 4.7kΩ 的终端电阻；模块输入端如果设置为"常开检线"状态输入，模块输入线末端（远离模块端）必须并联一个 4.7kΩ 的终端电阻。

---

2. 工程应用

模块与无源输出触点设备的接线示意图如图 2-51 所示。

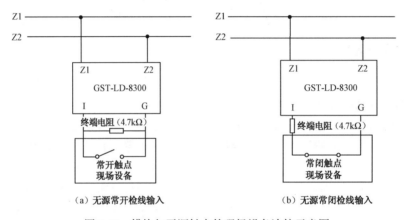

（a）无源常开检线输入　　　　（b）无源常闭检线输入

图 2-51　模块与无源触点的现场设备连接示意图

2.7.3　单输入/单输出模块

单输入/单输出模块采用电子编码器进行编码，模块内有一对常开、常闭触点。模块具有直流 24V 电压输出，用于与继电器触点接成有源输出，满足现场的不同需求。另外，模块还设有开关信号输入端，用来和现场设备的开关触点连接，以便对现场设备是否动作进行确认。

单输入/单输出模块主要用于各种一次动作并有动作信号输入到控制器的被动型设备，如排烟阀、送风阀、防火阀等接入到控制总线上。下面以 GST-LD-8301 输入/输出模块为例进行说明。

1. 单输入/单输出模块的外形及底座

GST-LD-8301 单输入/单输出的模块实物及底座端子示意图，分别如图 2-52 和图 2-53 所示。

图 2-52　单输入/单输出模块

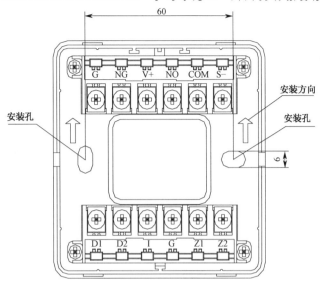

图 2-53　单输入/单输出模块的底座端子示意图

图 2-53 中，单输入/单输出模块的底座端子功能说明如下。

◆　Z1、Z2：接控制器二总线，无极性。

◆　D1、D2：DC 24V 电源，无极性。

◆　G、NG、V+、NO：DC 24V 有源输出辅助端子，将 G 和 NG 短接、V+和 NO 短接
（注意：出厂默认已经短接好，若使用无源常开输出端子，请将 G、NG、V+、NO
之间的短路片断开），用于向输出触点提供+24V 信号以便实现有源 DC 24V 输出；
无论模块启动与否，V+、G 间一直有 DC 24V 输出。

◆　I、G：与被控制设备无源常开触点连接，用于实现设备动作回答确认（也可通过电
子编码器设为常闭输入或自回答）。

◆　COM、S−：有源输出端子，启动后输出 DC 24V，COM 为正极、S−为负极；

◆　COM、NO：无源常开输出端子。

2．工程应用

模块无源输出触点控制设备的工程接线示意图，如图 2-54 所示。

2.7.4　双输入/双输出模块

双输入/双输出模块，主要用于双动作消防联动设备的控制，同时可接收联动设备动作后
的回答信号。例如，可完成对二步降防火卷帘门、水泵、排烟风机等双动作设备的控制。

工作原理：模块内嵌微处理器，微处理器实现与火灾报警控制器通信、电源总线掉电检
测、输出控制、输入信号逻辑状态判断、输入输出线故障检测、状态指示灯控制。模块占用
两个编码地址，第二个地址号为第一个地址号加 1。每个地址可单独接收火灾报警控制器的
启动命令，吸合对应输出继电器，并点亮对应的动作指示灯。每个地址对应一个输入，接收
到设备传来的回答信号后，将反馈信息以相应的地址传到火灾报警控制器。下面以
GST-LD-8303 双输入/双输出模块为例来说明。

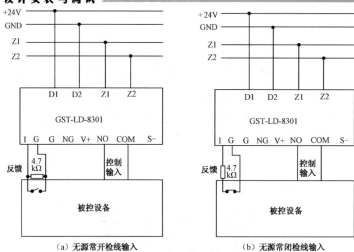

（a）无源常开检线输入　　　　　（b）无源常闭检线输入

图 2-54　模块无源输出触点控制设备工程接线示意图

1. 双输入/双输出模块的外形及底座

GST-LD-8303 双输入/双输出模块外形和底座端子示意图，分别如图 2-55 和图 2-56 所示。

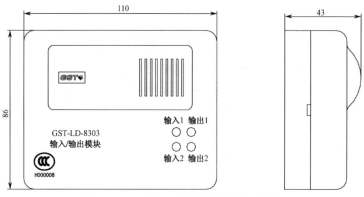

图 2-55　双输入/双输出模块外形示意图

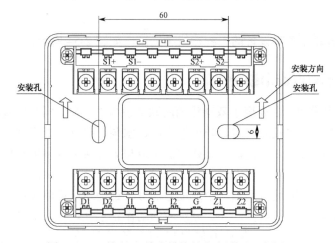

图 2-56　双输入/双输出模块的底座端子示意图

图 2-56 中，双输入/双输出模块的底座端子功能说明如下。

◆　Z1、Z2：接火灾报警控制器二总线，无极性。

◆　D1、D2：DC 24V 电源，无极性。

◆　I1、G：第一路无源输入端。

◆　I2、G：第二路无源输入端。

◆　S1+、S1−：第一路有源输出端子。

◆　S2+、S2−：第二路有源输出端子。

2. 工程应用

模块与防火卷帘门电气控制箱（标准型）的工程接线示意图，如图 2-57 所示。

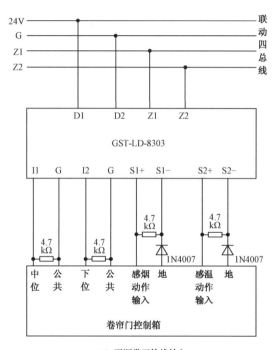
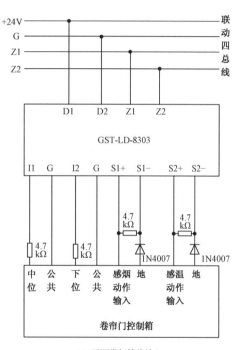

（a）无源常开检线输入　　　　　　　　　（b）无源常闭检线输入

图 2-57　模块与防火卷帘门电气控制箱（标准型）工程接线示意图

2.8　电源

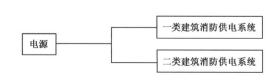

火灾自动报警系统是消防用电设备，要求工作连续、不间断。为保证供电可靠和配线灵活，系统供电应符合国家标准《建筑设计防火规范》、《高层民用建筑设计防火规范》等有关规定，满足以下几点要求。

（1）火灾自动报警系统应设有主电源和直流备用电源。系统电源除为火灾报警控制器供电外，还为与系统相关的消防控制设备等供电。

（2）火灾自动报警系统的主电源应采用消防电源，直流备用电源宜采用火灾报警控制的专用蓄电池。当直流备用电源采用消防系统集中设置的蓄电池时，火灾报警控制器应采用单独的供电回路，并能保证在消防系统处于最大负载状态下不影响报警控制器的正常工作。

（3）火灾自动报警系统中的 CRT 显示设备、消防通信设备、计算机管理系统、火灾广播系统等的交流电源应由 UPS 装置供电。其容量应按火灾报警控制器在监视状态下工作 24h 后，再加上同时两个分路报警 30 分钟用电量之和来计算。

（4）对于消防控制室、消防水泵、消防电梯、防排烟设施、自动灭火装置、火灾自动报警系统、火灾应急照明和电动防火卷帘、门窗、阀门等消防用电设备，一类建筑应按现行《国家电力设计规范》规定的一类负荷要求供电，如图 2-58 所示；二类建筑的上述消防用电设备，应按二级负荷的双回路线要求供电，如图 2-59 所示。

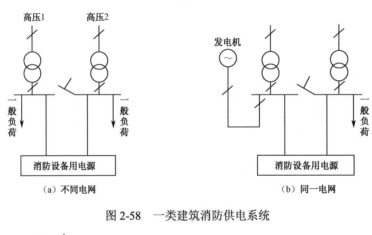

图 2-58　一类建筑消防供电系统

图 2-59　二类建筑消防供电系统

（5）对容量较大或较集中的消防用电设施（如消防电梯、消防水泵等）应自配电室采用放射式供电。

（6）对于火灾应急照明、消防联动控制设备、报警控制器等设施，若采用分散供电，在各层（或最多不超过 4 层）应设置专用消防配电箱。

（7）消防用电设备的两个电源或双回路线路，应在最末级配电箱处自动切换，如图 2-60 所示。

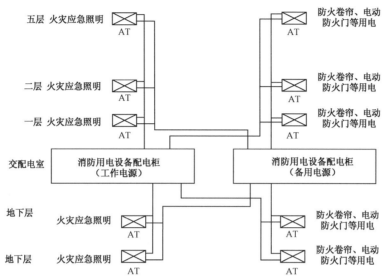

图 2-60　消防用电设备双电源末端切换示意图

（8）在设有消防控制室的民用建筑工程中，消防用电设备的两个独立电源（或双回路线路），宜在以下场所的配电箱处自动切换：消防控制室、消防电梯机房、防排烟设备机房、火灾应急照明配电箱、各楼层消防配电箱、消防水泵房。

（9）消防联动控制装置的直流操作电源电压，应采用 24 V。DC 24 V 电源的设置分为集中型和区域型两种。

①集中电源 DC 24 V 的设置是指火灾自动报警控制系统设计中，在消防控制室装设一套直流电源设备（包括整流、充放电镉镍电池组等），电源 DC 24 V 由消防控制室送至各区域消防控制模块。集中电源 DC 24 V 配置，在工程实践中需要注意考虑两个方面的问题，一个是电源的足够容量，另一个是末端电压能否满足消防设备的可靠动作，即供电线路的电压降的不良影响。当直流备用电源采用消防系统集中设置的蓄电池时，火灾报警控制器应采用单独的供电线路，并应保证在消防系统处于最大负载状态下不影响报警控制器的正常工作。

②区域型 DC 24 V 电源设置，就是在建筑物的每一报警区域设置直流电流装置，电源容量按所供该区域消防设备容量来配置。因距离较近，电压降影响可以忽略不计；电源分区域设置，供给直流电源整流装置的交流电源，应按照消防用电负荷配置，在每个 DC 24 V 区域配置处均应为与消防控制室相同的专用消防电源，供电线路按消防要求设置；同时，消防控制室应能实现对区域 DC 24 V 电源的控制。

（10）火灾自动报警系统主电源的保护开关不应采用漏电保护开关，当必须采用漏电保护开关时，漏电电流动作保护只能作用于报警，不应直接作用于切断电路。

（11）消防用电的自备应急发电设备，应设有自动启动装置，并能在 15 s 内供电，当由市电转换到柴油发电机电源时，自动装置应执行先停后送程序，并应保证一定的时间间隔。

实训1　火灾自动报警系统认识

1．实训目的

通过本次实训教学与学习，使学生了解火灾自动报警系统的组成及工作原理，并掌握火灾自动报警系统的使用。

2．实训器材

火灾自动报警系统装置。

3．实训步骤

（1）准备工作

进行"安全、规范、严格、有序"教育为主的实训动员，明确任务和要求。

（2）火灾自动报警系统介绍

直观认识火灾自动报警系统组成，如图2-61所示。

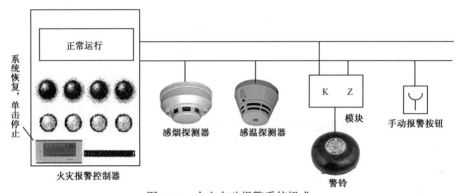

图2-61　火灾自动报警系统组成

（3）启动火灾自动报警系统，演示系统工作过程

通过感性认识理解火灾自动报警系统的工作原理。

4．注意事项

（1）注意参观过程中允许看、听、问，不允许乱窜走动和指手画脚，以免造成触电事故；
（2）注意多看、多听、多问，熟悉系统工作运行情况。

5．实训思考

（1）火灾自动报警系统的组成及各部分的作用。
（2）火灾自动报警系统的工作原理。

实训2　探测器的安装与使用

1．实训目的

火灾探测器是火灾自动报警系统的重要组件，是系统的感觉器官。本次实训将对火灾探

测器的安装及使用方法进行实训。

2. 实训器材

点型火灾探测器、火灾探测器底座、火灾报警控制器、电子编码器、连线及安装工具等。

3. 实训步骤

（1）安装前仔细阅读产品说明书。

（2）切断回路的电源并确认外壳和底座完好无损，标识齐全。

（3）点型火灾探测器的安装

点型火灾探测器是通过通用的安装底座（DZ-02）进行安装的，安装底座外形如图 2-62 所示。

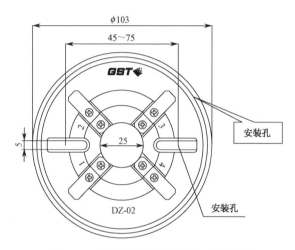

图 2-62　探测器的通用安装底座外形图

（4）接线

使用时将探测器底座 1、3 脚或 2、4 脚连接到消防总线 Z1、Z2，不需要外部电源。

（5）使用

探测器的使用主要是为探测器进行地址编码。电子编码器可对探测器的地址码、设备类型、灵敏度进行设定，同时也可对模块的地址码、设备类型、输入设定参数等信息进行设定。

编码前，将编码器连接线的一端插在编码器的总线插口内（如图 2-64 所示的 3 处），另一端的两个夹子分别夹在探测器的两根总线端子"Z1"，"Z2"（不分极性）上。开机（将图 2-63 所示的 1 处的开关打到"ON"的位置）后可对编码器做如下操作，实现各参数的读出或写入设定。

① 读码。按下"读码"键，液晶屏上将显示探测器或模块的已有地址编码，按"增大"键，将依次显示脉宽、年号、批次号、灵敏度、探测器类型号（对于不同的探测器和模块其显示内容有所不同）；按"清除"键后，回到待机状态。

如果读码失败，屏幕上将显示错误信息"E"，按"清除"键清除。

② 地址码的写入。在待机状态，输入探测器或模块的地址编码，按下"编码"键，若显示符号"P"，表明编码完成，按"清除"键回到待机状态。

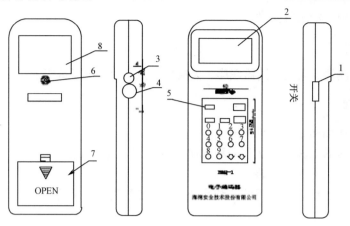

图 2-63　电子编码器的功能结构示意图

4．注意事项

（1）探测器线路不能明敷，必须穿管暗设，这是探测器工作安全性的最起码要求。

（2）配线接好后，用万用表的电阻挡测试探头的电源端端子，确定没有短路故障后方可接通电源进行调试。

5．实训思考

（1）探测器分类。

（2）探测器安装位置要求。

知识梳理与总结

本单元主要介绍了火灾自动报警系统的概念、组成、分类、选择及安装布置。通过本单元的学习，学生应对火灾自动报警系统有一定的认识，掌握其在建筑工程中的作用。

（1）火灾自动报警系统的组成及原理。

（2）火灾探测器的分类、选择及安装。

（3）火灾报警控制器的分类、功能及原理。

（4）声光报警器、火灾显示盘、模块的结构、原理和安装应用。

（5）系统电源设置要求。

练 习 题 2

1．选择题

（1）（　　）是火灾自动报警系统的传感部分。

A．火灾探测器　　　　B．火灾报警按钮　　　C．火灾报警控制器　　　D．声光报警器

（2）（　　）不属于火灾探测器的组成部分。

A．敏感元件　　　　B．相关电路　　　　C．固定部件　　　　D．传感元件

（3）"可靠性高、无放射性、寿命长、结构紧凑"是属于哪种探测器的性能特点？（　　）

A．点型感温探测器　　　　　　　　　　B．缆式线型感温探测器

C．点型光电感烟探测器　　　　　　　　D．点型离子感烟探测器

（4）线型感烟探测器按光源不同可分为3类，以下不属于其类型的是（　　）。

A．红外光束型　　　B．紫外光束型　　　C．激光型　　　D．缆式线型

（5）无遮挡的大空间或有特殊要求的场所，宜选择（　　）。

A．点型感温探测器　　　　　　　　　　B．线型光电感烟探测器

C．点型光电感烟探测器　　　　　　　　D．线型感温探测器

（6）选择感温探测器时，不适宜的房间高度是（　　）。

A．$8<h\leqslant12$　　　B．$6<h\leqslant8$　　　C．$4<h\leqslant6$　　　D．$h\leqslant4$

（7）手动火灾报警按钮布置要求中每个防火分区应至少设置一个手动火灾报警按钮，从一个防火分区内的任何位置到最邻近的一个手动火灾报警按钮的距离不应大于（　　）m。

A．15　　　　B．20　　　　C．30　　　　D．35

（8）火灾报警控制器按控制范围可分为3种，其中不属于该分类的是（　　）。

A．区域火灾报警控制器　　　　　　　　B．智能火灾报警控制器

C．集中火灾报警控制器　　　　　　　　D．通用火灾报警控制器

（9）以下针对声光报警器的描述，错误的是（　　）。

A．声光报警器安装在现场，用于在火灾发生时提醒现场人员注意

B．由消防控制中心的火灾报警控制器启动

C．可通过安装在现场的手动报警按钮直接启动

D．声光报警器一般分为非编码型与编码型两种，非编码型可直接接入报警控制器的信号二总线

（10）以下不属于在TH-HX-A型火灾自动报警及消防联动控制系统中使用的主要功能模块是（　　）。

A．总线隔离器　　　B．单输出模块　　　C．单输入模块　　　D．双输入/双输出模块

（11）单输入/单输出模块的作用是（　　）。

A．既能反馈信息也能动作　　　　　　　B．既不能反馈信息也不能动作

C．有信号反馈不能动作　　　　　　　　D．有动作没有信号反馈

（12）当火灾自动报警系统必须采用漏电保护开关时，漏电电流保护的作用是（　　）。

A．只能用于报警　　　　　　　　　　　B．只能用于切断电路

C．既能用于报警也用于切断电路　　　　D．既不能报警也不能切断电路

2．思考题

（1）火灾自动报警系统的组成部分及各部分的功能。

（2）光电感烟探测器的工作原理。

（3）智能型火灾探测器与普通火灾探测器的区别。

（4）火灾探测器的选择依据条件。

（5）根据火灾特点、环境条件及安装场所情况，简述火灾探测器的选择情况。

（6）感温探测器的适用场所。

（7）手动火灾报警按钮宜装设的部位。

（8）火灾报警区域基本功能。

（9）火灾显示盘工作原理。

（10）总线隔离器作用及原理。

（11）简述火灾自动报警系统电源供电要求。

学习单元3
消防联动控制系统组成与电路分析

教学导航

学习单元		3.1 消防联动控制系统整体认识	学时	8
		3.2 消火栓灭火系统		
		3.3 自喷水灭火系统		
		3.4 防排烟系统		
		3.5 防火分隔设施		
		3.6 消防应急广播系统的分类与控制方式		
		3.7 消防通信系统的分类与设置要求		
		3.8 火灾应急照明和疏散指示照明的分类与设置要求		
		3.9 消防电梯的联动控制与设置规定		
教学目标	知识方面	认识消防联动控制系统工程，理解消火栓灭火系统、自喷水灭火系统的工作流程、组成及控制方式，掌握辅助灭火/避难指示系统联动控制方式和设置要求		
	技能方面	能够安装操作消火栓灭火系统和自喷水灭火系统，对辅助灭火/避难指示系统进行正确设置及操作		
过程设计		任务布置及知识引导→分组学习、讨论和收集资料→学生编写报告，制作PPT、集中汇报→教师点评或总结		
教学方法		项目教学法		

现代化的大楼越来越向高层发展，在现代化的高层、超高层建筑中由于室外消防设备受条件限制，一旦起火，只能靠自救。在自救中，主要靠消防联动控制系统。现在，几乎所有的高层建筑都应用消防联动控制的自动灭火、防排烟等系统。消防联动控制系统属于消防工程的重要组成部分，消防相关人员必须重点学习掌握内容。

3.1 消防联动控制系统整体认识

当火灾发生时能迅速地通知并引导人们安全撤离火灾现场、防止火灾蔓延、排出有毒烟雾、开启自动灭火设备实施自动灭火等的所有设备称为消防联动设备，确保这些设备在火灾发生时能正常发挥效益的控制称为消防设备的联动控制。消防联动控制系统的功能是接收火灾报警控制器发出的火灾报警信号，按预设逻辑完成各项消防功能。构成消防设备联动控制的主要系统有自动灭火系统（包括气体灭火系统、消火栓灭火系统、自喷水灭火系统）和辅助灭火/避难指示系统（包括防排烟系统、消防应急广播系统、消防通信系统、火灾应急照明和疏散指示系统、消防电梯等），如图 3-1 所示。当发生火灾时，消防联动控制的联动设备动作如图 3-2 所示。

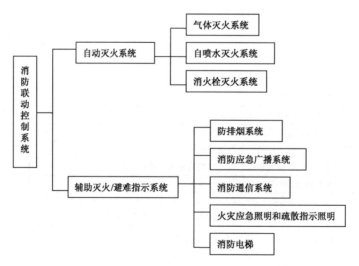

图 3-1　消防联动控制系统组成图

图 3-2 中显示的自动灭火有自喷灭火系统（水）、消火栓灭火系统、CO_2 灭火系统、泡沫灭火系统、干粉灭火系统、灭火炮等。自喷灭火系统（水）和消火栓灭火系统以水为介质是最常用、适用面相对最广的灭火系统；对非常珍贵的特藏库、珍品库房及重要的音响制品库

房宜设置 CO_2 灭火系统；泡沫灭火系统适宜非水溶性甲、乙、丙类液体可能泄漏的室内场所；大型体育馆等场所采用灭火炮。

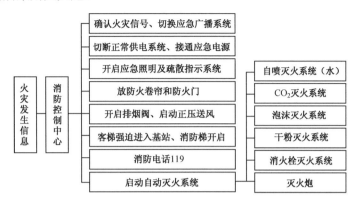

图 3-2　消防联动控制的联动设备示意图

3.2　消火栓灭火系统

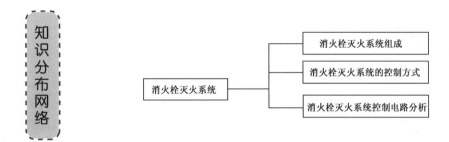

以水为介质的消防灭火系统，按消防设施可分为消火栓灭火系统和自喷灭火系统。消火栓灭火是最基本和常用的灭火方式，以建筑外墙为界，可分为室外消火栓灭火系统和室内消火栓灭火系统。本书中如果未指明室内或室外均是指室内消火栓灭火系统。

3.2.1　消火栓灭火系统的组成

室外消火栓灭火系统由水源、室外消防给水管道、消防水池和室外消火栓组成。灭火时，消防车从室外消火栓或消防水池吸水加压，从室外进行灭火或向室内消火栓灭火系统加压供水。

室内消火栓灭火系统由消防给水设备（包括高位水箱、消防水泵或称加压泵、管网、室内消火栓等主要设备）、相应电气控制设备（包括消火栓按钮、消防控制室启泵装置和消防泵控制柜）组成。消火栓灭火系统的电气控制包括水池的水位控制、消防用水和消防水泵的启动。水位控制应能显示出水位的变化情况和高、低水位报警及控制水泵的启停。

1. 高位水箱与管网

高位水箱与管网构成消火栓灭火的供水系统。无火灾时，高位水箱应充满足够的消防用水，一般规定储水量应能提供火灾初期消防水泵投入前 10 min 的消防用水。10 min 后的灭火

用水要由消防水泵从消防水池或市区供水管网将水注入室内消防管网。图 3-3 表示建筑室内消火栓灭火系统组成示意图。高层建筑的消防水箱应设置在屋顶，宜与其他用水的水箱合用，让水箱中的水经常处于流动状态，以防止消防用水长期静止储存而使水质变坏发臭。

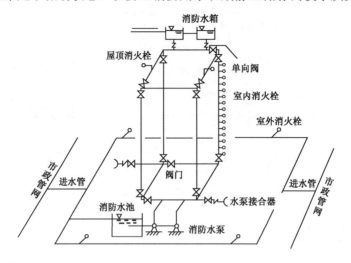

图 3-3　建筑室内消火栓灭火系统组成示意图

2．消防水泵

灭火时消防水泵用于保证建筑消火栓灭火系统内所需水压和水量，一般与其他用途的水泵一起设置在建筑底层的同一水泵房内，与消防控制室有直接的通信联络设备。另外，建筑消防水泵应设工作能力不小于消防水泵的备用泵，当主泵出现故障时，备用泵能自动投入使用，不会影响灭火工作，其实物图及其控制柜如图 3-4 所示。

图 3-4　消防水泵及其控制柜

3．室内消火栓

室内消火栓设置于室内，与室内消防给水管网连接，用于连接水带和水枪，直接扑救火灾，是扑灭室内火灾的常用灭火设施，一般设置在室内消火栓箱内，如图 3-5 和图 3-6 所示。室内消火栓由开启阀门和出水口组成。

图 3-5   室内消火栓   图 3-6   消火栓箱

消火栓有单出口和双出口之分，单出口消火栓直径有 50 mm 和 65 mm 两种；双出口消火栓直径为 65 mm。高层建筑室内消火栓口径一般选 65 mm，从而满足水枪出水流量。

水枪喷嘴口径有 13 mm、16 mm、19 mm 3 种。喷嘴口径 13 mm 水枪配 50 mm 水带，16 mm 水枪可配 50 mm 或 65 mm 水带，19 mm 水枪配 65 mm 水带；一般低层建筑室内消火栓给水系统可选用 13 mm 或 16 mm 喷嘴口径水枪，但需经过消防流量和充实水柱长度计算确定。高层建筑室内消火栓给水系统，水枪喷嘴口径一般不小于 19 mm。水带有麻质、化纤之分，口径一般为 50 mm 和 65 mm，水带长度有 15 m、20 m、25 m、30 m 4 种。长度也需计算选定。建筑室内消防水带长度一般不大于 25 m。

4．消火栓按钮

在设有室内消防给水的建筑物内，各层（无可燃物的设备层除外）以及在消防电梯前室均应设置消火栓按钮，用于直接启动消防水泵，一般都安装在有玻璃门的消防箱内，其实物图如图 3-7 所示。

消火栓按钮根据其结构有两种启动消防水泵的情况，一种是直接按压按片，启动消防水泵；另一种是用小锤击碎按钮上的玻璃小窗，按钮不受压复位，从而启动消防水泵。当为第一种情况启用消火栓时，可直接按下消火栓按钮表面的按片，此时消火栓按钮的红色启动指示灯亮，表明已向消防控制室发出了报警信息，火灾报警控制器在确认了消防水泵已启动运行后，就向消火栓按钮发出命令信号点亮绿色回答指示灯。

其在工程中的应用如图 3-8 所示（以 J-SAM-GST9123 消火栓按钮为例）。

图 3-7   消火栓按钮实物图

3.2.2   消火栓灭火系统的控制方式

室内消火栓灭火系统属于闭环控制系统，如图 3-9 所示。当发生火灾时，控制电路接到消火栓泵启动指令发出消防水泵启动的主令信号后，消防水泵电动机启动，向室内管网提供消防用水，压力传感器（压力开关）用以监视管网水压，并将监测水压信号送至消防控制电路，形成反馈的闭环控制。

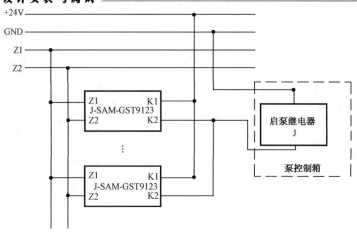

图 3-8　消火栓按钮工程中的应用

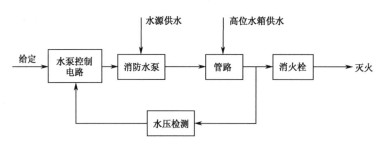

图 3-9　室内消火栓灭火系统框图

消火栓灭火系统的控制方法有消火栓按钮启动控制、水流报警启动器控制、消防控制室启动控制、消防泵控制柜启动控制 4 种。

1．消火栓按钮启动控制

消火栓按钮启动控制由消火栓按钮控制消防水泵的启停。消火栓按钮设置在每个消火栓箱内，相应消火栓灭火系统灭火流程和控制示意图如图 3-10 和图 3-11 所示。

对于需要打碎玻璃才能启动的消火栓按钮，由于消火栓按钮本身内部有一对常开和一对常闭触点，建筑内消火栓按钮之间的连接有串联（常开接点）接法或并联（常闭接点）接法这两种方式，如图 3-12 和图 3-13 所示。为了便于平时对断线或接触不良进行监视和线路检测，建议选用串联接法，如此即使因为消火栓按钮长期不用而出现接触不好或断线故障情况，也能通过中间继电器的失电而很快发现及时处理。

2．水流报警启动器控制

水流报警启动器控制由水流报警启动器控制消防水泵的启停。现代消防系统中，常在高位水箱消防出水管上安装水流报警启动器。火灾时，当高位水箱向管网供水时，水流冲击水流报警启动器，一方面发出火灾报警，同时又快速发出控制信号，启动消防水泵。

3．消防控制室启动控制

消防控制室启动控制由消防控制中心发出主令控制信号控制消防水泵的启停。设置在火灾现场的探测器将测得的火灾信号送至设置在消防控制中心的火灾报警控制器，然后再由火灾报警控制器发出联动控制信号，启停消防水泵，也可以通过消防控制室的联动控制盘直接启动消防水泵。

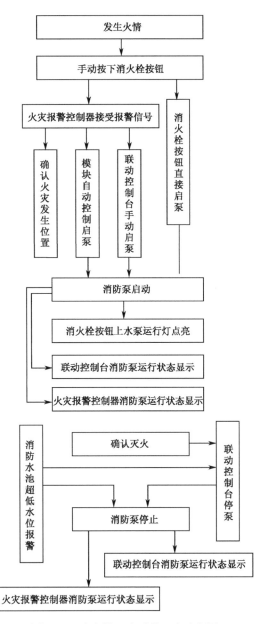

图 3-10 消火栓灭火系统灭火流程图

4. 消防泵控制柜启动控制

消防泵控制柜启动控制由设置在消防泵房内的控制柜直接控制消防水泵的启停。首先控制柜柜门上的开关设定为手动，然后直接按动相应的开关启动消防水泵，如图 3-14所示。

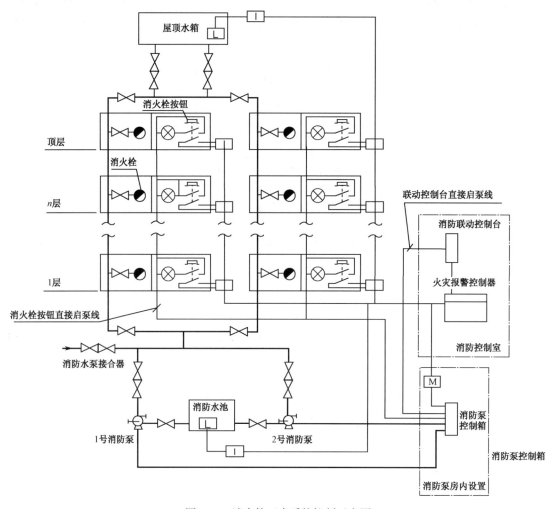

图 3-11　消火栓灭火系统控制示意图

　　消防水泵启动的前三种控制方法实现了消防水泵的远距离自动控制，同时也能实现将消防水泵的启停状态信号回送至消防控制中心，以便消防人员及时掌握消防水泵的运转情况。第四种控制方式是消防水泵的就地控制方式，作为远距离控制的辅助手段是十分必要的。这种控制方法简单易行、安全可靠、直观，尤其是作为现代消防系统远距离高度自动化控制方式的最后保护措施，将更加显得重要。

3.2.3　消火栓灭火系统控制电路分析

　　消火栓灭火系统一般设置有两台消防水泵，可手动控制也可自动控制（两台消防水泵互为备用），具体由控制柜上的转换开关 SA 来选定，SA 有 1 号泵自动、2 号泵备用，2 号泵自动、1 号泵备用和手动 3 种状态。

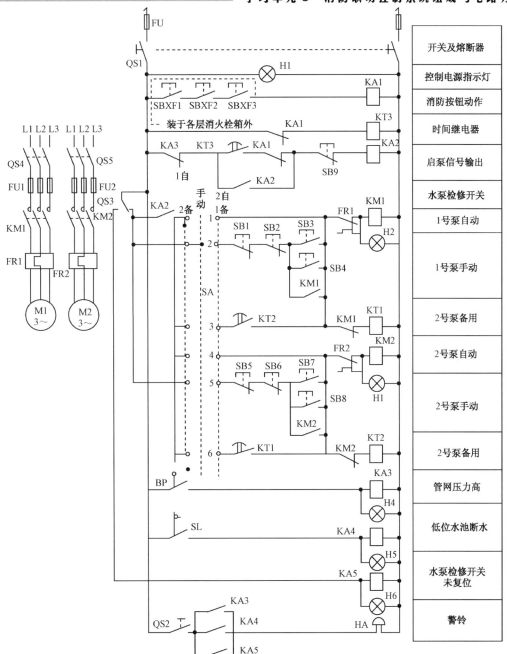

图 3-12　消火栓按钮串联启动的消防泵控制电路图

　　消火栓灭火系统除了有控制功能之外，还需有相应的监测功能，一旦消防水泵动作，由启动接触器的辅助触点回馈到消防控制室，对于消火栓内设置有指示灯的还要回馈给指示灯，表示消防水泵已经启动。另外，为了防止消防水泵误启动使管网水压过高而导致管网爆裂，管网需有压力监视，当水压达到一定压力时，压力继电器动作，使消火栓泵自动停止。具体参见消火栓按钮串联启动的消防泵控制电路图（图 3-12），图中 **BP** 为管网压力继电器，**SL** 为低水位继电器，**QS3** 为检修开关，**SA** 为转换开关。其工作原理如下。

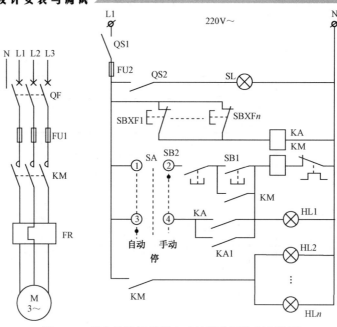

图 3-13　消火栓按钮并联启动的消防泵控制电路图

图 3-14　消防泵控制柜

1. 1号泵自动、2号泵备用

将转换开关 SA 转至左位（1 号自动、2 号备用），合上主电路断路器 QS4、QS5 及操作电源 QS1，检修开关 QS3 放在右位，QS2 合上，为水泵启动运行做好准备。如果某楼层发生火灾时，手动操作消火栓启动按钮，其内部 $SB_{XF1} \sim SB_{XFn}$ 中任一个断开，使中间继电器 KA1 线圈失电，时间继电器 KT3 线圈通电，经过延时 KT3 常开触头闭合，使中间继电器 KA2 线圈通电，接触器 KM1 线圈通电，消防泵电动机 M1 启动运转，向管网提供水量和增加水压，确保消火栓水枪灭火出水用水需要，同时信号灯 H2 亮。需要停止时，按下水泵总停止按钮 SB9 即可。

灭火过程中，如果 1 号泵出现故障，即 KM1 意外断开或者机械卡住，无法启动，2 号泵将自动投入灭火。过程如下：由于 KM1 断开，其辅助触头不动作，时间继电器 KT1 线圈通电，经延时后 KT1 触头闭合，接触器 KM2 线圈通电，2 号备用泵电动机启动运转，信号灯 H3 亮。

2．2号泵自动、I号泵备用

将转换开关 SA 置于右位（2号自、1号备），QS4、QS5 及操作电源 QS1，检修开关 QS3 放在右位，QS2 合上，为水泵启动运行做好准备。其动作过程同上。

3．手动

将转换开关 SA 置于中间位置（手动），按下 SB3（SB4），KM1 通电动作，1号泵电动机运转。如果需要 2号泵运转，按 SB7（SB8）即可。

4．监测

当管网压力过高时，压力继电器 BP 闭合，使中间继电器 KA3 通电动作，信号灯 H4 亮，警铃 HA 响。同时，KT3 的触头使 KA2 线圈断电释放，切断电动机。

当需要检修时，将 QS3 置左位，切断电动机启动回路，中间继电器 KA5 通电动作，同时信号灯 H6 亮，警铃 HA 响。

3.3　自喷水灭火系统

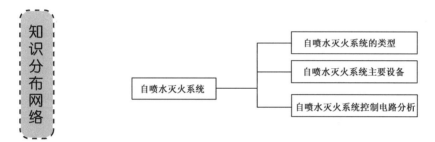

消防自动喷水灭火系统是一种消防灭火装置，是目前应用最广泛的一种固定消防设施。它具有价格低廉、灭火效率高等特点。据统计，灭火成功率在 96% 以上，有的已达 99%。在一些发达国家，几乎所有的建筑都要求具有自动喷水灭火系统。有的国家（如美、日等）已将其应用在住宅中，我国的自喷水灭火系统也在宾馆、公寓、高层建筑、石油化工中得到了广泛的应用。自喷水灭火系统安装有报警装置，可以在发生火灾时自动发出警报，可以和其他消防设施同步联动工作自动喷水。因此，能有效控制、扑灭初期火灾。

3.3.1　自喷水灭火系统的类型

根据系统构成及使用环境和技术要求不同，自喷水灭火系统有以下类型：湿式喷水灭火系统、干式喷水灭火系统、干湿两用喷水灭火系统、预作用喷水灭火系统、雨淋灭火系统、水幕系统、泡沫雨淋系统、大水滴自动灭火系统、循环自动喷水灭火系统，以及住宅快速反应喷水灭火系统等。由于湿式喷水灭火系统、干式喷水灭火系统、干湿两用喷水灭火系统、预作用喷水灭火系统 4 种系统在正常情况下，喷头处于封闭状态，因此又统称为闭式系统。

1．湿式喷水灭火系统

湿式喷水灭火系统简称湿式系统，是世界上使用时间最长、应用最广泛、控火、灭火率最高的一种闭式自动喷淋灭火系统，目前世界上已安装的自动喷水灭火系统中有70%以上采用了湿式系统。它适用于室内温度不低于4℃且不高于70℃的且适于用水扑救的建筑物、构筑物内。湿式喷水灭火系统采用湿式报警阀，报警阀的前后管道内均充满压力水。湿式系统由喷头、湿式报警阀、延迟器、水力警铃、压力开关、水流指示器、管道系统、供水设施、喷淋泵控制盘等组成，如图3-15所示，主要设备如表3-1所示。

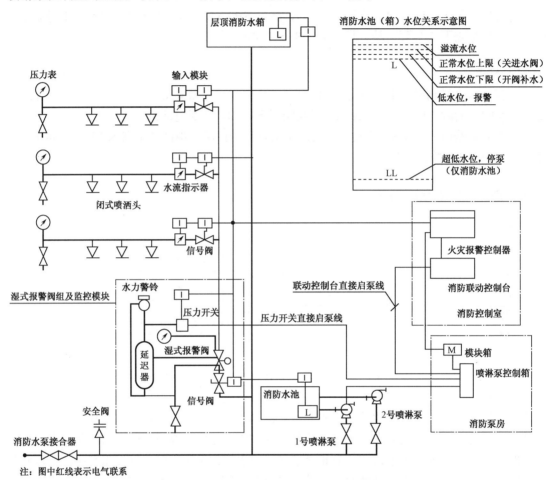

图3-15 湿式喷水灭火系统组成及控制示意图

表3-1 湿式喷水灭火系统主要设备表

编号	名称	用途	编号	名称	用途
1	屋顶高位水箱	储存初期火灾用水	7	水流指示器	输出电信号，指示火灾区域
2	水力警铃	发出音响报警信号	8	闭式喷头	感知火灾，出水灭火
3	压力开关	自动报警或自动控制	9	延迟器	克服水压液动引起的误报警
4	消防水泵接合器	消防车供水口	10	信号阀	显示阀门启闭状态
5	湿式报警阀	系统控制阀，输出报警水流	11	输入模块	接受设备开关量信号，传给火灾报警控制器
6	消防水池	储存1 h火灾用水	12	喷淋泵	专用消防增压泵

湿式喷水灭火系统工作原理如下。

当火灾发生时，火源周围环境温度上升，致使火源上方的喷头受热爆破喷水，管网压力下降，湿式报警阀压力下降致使阀板开启，接通管网和水源，供水灭火。同时，部分水流由阀座上的凹形槽经报警阀过延迟器带动水力警铃发出现场报警声响，冲击报警阀上的压力开关，水压信号转换成电信号启动喷淋水泵运行。如果管网上设有低压压力开关，当管网压力下降到设定值时，也可以直接启动喷淋水泵运行。灭火过程中，水流通过装在主管道分支处水流指示器输出电信号至消防控制中心报警。具体湿式喷水灭火系统动作流程如图3-16所示。

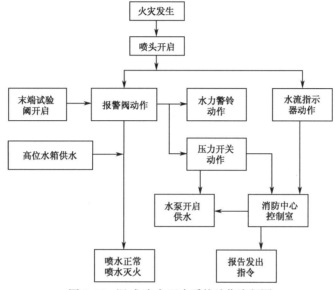

图3-16　湿式喷水灭火系统动作流程图

2. 干式喷水灭火系统

干式系统是除湿式系统以外使用历史最长的一种闭式自动喷水灭火系统，干式系统主要是为了解决某些不适宜采用湿式系统的场所如寒冷地区和高温场所，是在湿式自动喷水灭火系统上发展而来，其灭火效率低于湿式系统，造价也高于湿式系统。由于无报警时在报警阀上部管路和喷头内平时没有水，只处于充气状态，故称为干式喷水灭火系统。该系统适用于室内温度低于4℃或年采暖期超过240天的不采暖房间，或高于70℃的建筑物、构筑物内，如不采暖的地下停车场、冷库等。干式喷水灭火系统主要由闭式喷头、管网、干式报警阀、充气设备、报警装置和供水设备组成，如图3-17所示。

干式喷水灭火系统的工作原理如下。

平时干式报警阀与水源相连一侧的管道内充以有压水，干式报警阀后的管道内充以有压气体，报警阀处于关闭状态。当发生火灾时，闭式喷头热敏元件动作，喷头开启，管道中的压缩空气从喷头喷出，使干式阀出口侧压力下降，造成干式报警阀前部水压力大于后部水压力，干式报警阀被自动打开，压力水进入供水管道，剩余的压缩空气从系统高处的快速排气阀或已经打开的喷头喷出，然后喷水灭火。在干式报警阀被打开的同时，通向水力警铃和压力开关的通道也被打开，水流冲击水力警铃和压力开关，压力开关或系统管网低压压力开关直接启动自动喷水给水泵加压供水。具体干式喷水灭火系统动作流程如图3-18所示。

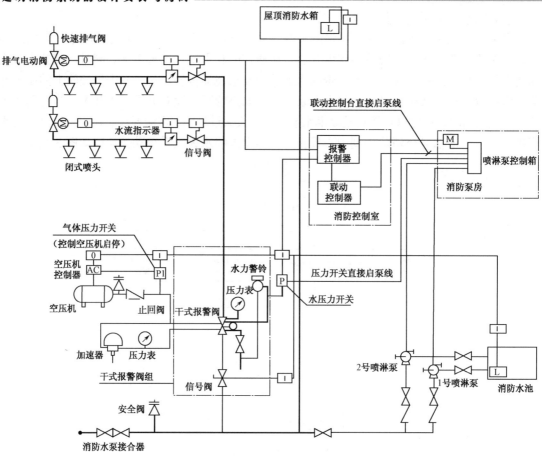

图 3-17　干式喷水灭火系统组成及控制示意图

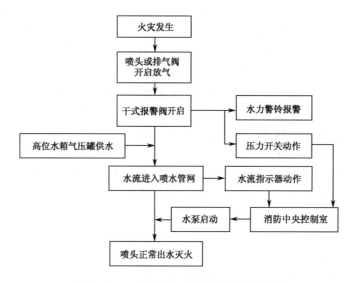

图 3-18　干式喷水灭火系统动作流程图

3．干湿两用喷水灭火系统

干湿两用喷水灭火系统是在干式系统的基础上，为克服干式喷水灭火系统由于需要排除管道内空气，造成灭火时间延迟、灭火率低的不足而产生的一种交替式自动喷淋灭火系统。干湿式系统的组成与干式系统大致相同，只是将报警阀改为干湿式两用阀或干式报警阀与湿式报警阀组合阀。冬季寒冷季节，系统管网充以有压气体，为干式喷水灭火系统，在温暖季节，管网中充以压力水，为湿式喷水灭火系统。但由于干湿两用喷水灭火系统交替工作，其管网内交替使用空气和水，管道易受腐蚀，系统形式必须随季节变换，管理较复杂，因此应用范围比较有限。

4．预作用喷水灭火系统

预作用喷水灭火系统是由装有闭式喷淋头的干式喷水灭火系统上附加一套火灾自动报警系统，即由报警控制器的外控触点来控制电磁阀，而形成兼有双重控制的系统，它既克服了干式自动喷水灭火系统所存在的喷淋灭火时间延迟较长的缺点，又避免了湿式喷水灭火系统存在渗漏而污染室内装修的弊病。因此，预作用喷水灭火系统适用于在干式和湿式喷水灭火系统所能使用的任何场所，而且还能用于一些不允许有水渍损失的建筑物、构筑物内，应用范围较广。

预作用喷水灭火系统平时预作用阀后的管网充以低压压缩空气或氮气，当发生火灾时，探测器探测后，通过报警控制器发出火警信号，并由其外控触点使电磁阀得电开启或手动开启，预先开启排气阀，排出管网内压缩空气，使管网内充满水。当火灾使环境温度高于闭式喷头温敏元件动作时，即喷淋灭火。使灭火迅速实现，减少了损失，克服了干式和湿式系统的不足。

如果探测器发生故障，发生火灾时，探测器不报警，但火灾处温度升高后使喷头开启，于是管网中的压缩空气气压迅速下降，由压力开关探测到管网压力骤降的情况，压力开关发出报警信号，通过火灾报警控制器启动预作用阀，供水灭火，并启动消防水泵加压。可见，这种系统安全可靠，只是在这种情况下动作不如探测器报警迅速。预作用喷水灭火系统动作流程如图 3-19 所示。

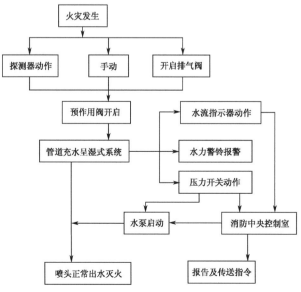

图 3-19   预作用喷水灭火系统动作流程图

5. 雨淋灭火系统

雨淋灭火系统由于采用的是开式洒水喷头，喷头无温感释放元件，当系统的独立探测部分探测到火灾发生时，所有开式喷头一起喷水灭火，形似下雨降水，故称为自动喷水雨淋灭火系统，简称雨淋系统。它具有反应快，灭火迅速，灭火控制面积大，需水量大等特点。可以应用在建筑面积超过 100 m²，生产、使用硝化棉、火胶棉、赛璐珞胶片、硝化纤维的厂房，以及建筑面积超过 400 m² 的演播室、录音室，建筑面积超过 500 m² 的电影摄影棚，超过 1500 个座位的剧院和超过 2000 个座位的会堂舞台的葡萄棚下部等场所。

6. 水幕系统

水幕（消防水幕的简称）是将水喷洒成水帘幕状，其作用是：用以冷却防火分隔物的表面温度及阻止热辐射的袭击，提高其耐火性能；阻止火穿过开口部位，防止火灾扩大和蔓延。由此可见，水幕系统是不以灭火为直接目的的一种系统。如果无分隔物（也称保护物）的抵御，单靠水幕本身来阻止火势蔓延，效果并不可靠，除非设计在大面积的洞孔双面都布置有水幕喷头，甚至多排的喷头，使之构成一幅完整的水幕，不然在淋水隙缝中热焰的辐射仍能通过开口部位，甚至燃烧的火苗也有可能随着热流而透过水幕，处在水幕后的东西仍然会受到高温和火焰的威胁。

7. 泡沫雨淋系统

泡沫雨淋系统是装备有泡沫混合液的设备，组成既可喷水又可喷泡沫的自动喷水灭火系统，泡沫雨淋系统在国内很少使用。

8. 大水滴自动灭火系统（又称消融水）

大水滴自动灭火系统是将一种消融剂（化学品）通过比例混合器注入喷水系统主管路的水流中，这样的水流从喷头喷出后而产生的水滴会变大，能够经得住像高架仓库火灾中出现的强烈上升热气流的翻腾，穿透这样的气流柱而降落于燃烧面上。当热对流柱中的热流速度超过一定时，标准喷头喷出的水滴会转向顶棚，而大水滴的消融水能够穿透火舌卷流，保持下降速度而覆盖燃烧面，并能贴附着，流动缓慢，对热辐射和对流起抑制作用。与普通水相比，消融水在着火面上保留更多的水，由于有更大穿透火舌的能力和对热蒸发有更高的抵抗，灭火性能有所提高。

9. 循环自动喷水灭火系统

根据现场不同情况可以自动切换不同系统形式的自喷淋灭火系统，且灭火后能自动关闭，将水渍造成的损失减到最轻，同时节省消防用水。功能优于其他喷水灭火系统，但因为系统造价较高，限制了应用。

10. 住宅快速反应喷水灭火系统

在世界一些先进国家，防火灭火已普遍应用于建筑物中，甚至低层住宅也设置了消防系统，于是也就形成了住宅快速反应喷水灭火系统。系统中采用的喷头有特殊的轻质易熔元件，比普通玻璃球喷头动作速度快 2.5 倍，其外形比标准型小。因此，在家里安装这种住宅快速

学习单元 3　消防联动控制系统组成与电路分析

反应喷水灭火系统，可以减少由于热烟气迅速产生而造成的人员伤亡及财产损失。该系统具有动作迅速、火灾损失小、灭火耗水量小、造价低等优点，广泛用于住宅和医院等场所。

3.3.2　自喷水灭火系统主要设备

自喷水灭火系统由喷头、报警阀组、水流指示器、压力开关、管道及供水设施（包括稳压泵）等组成。

1. 喷头

喷头是自喷水灭火系统的重要组成部分，具有探测火情、启动水流指示器、扑灭早期火灾的重要作用。它可分为开启式和封闭式两种。其性质、质量和安装的优劣会直接影响火灾初期灭火的成败，选择时必须注意。

1）封闭式喷头

一般应用在高（多）层建筑、仓库、地下工程、宾馆等适用水灭火的场所。它可以分为易熔合金式、双金属片式和玻璃球式 3 种。应用最多的是玻璃球式喷头，如图 3-20 所示。喷头布置在房间顶棚下边，与支管相连。

图 3-20　玻璃球式喷头

在正常情况下，喷头处于封闭状态。发生火灾时，喷水由充液玻璃球的感温部件控制开启，当装有热敏液体的玻璃球达到动作温度（57℃、68℃、79℃、93℃、141℃、182℃、227℃、260℃）时，球内液体膨胀，内压力增大，玻璃球炸裂，密封垫脱开，喷出压力水。喷水后，由于压力降低而使压力开关动作，将水压信号变为电信号向喷淋泵控制装置发出启动喷淋泵信号，保证喷头有水喷出；同时，流动的消防水使主管道分支处的水流指示器电接点动作，接通延时电路（延时 20～30 s），通过继电器触头发出声光信号给控制室，以识别火灾区域。

2）开启式喷头

一般应用在易燃、易爆品加工现场或储存仓库及剧场舞台上部的葡萄棚下等场所。按其结构可分为双臂下垂型、单臂下垂型、双臂直立型和双臂边墙型，如图 3-21 所示。具有外形美观、结构新颖、价格低廉、性能稳定、可靠性强等特点。

77

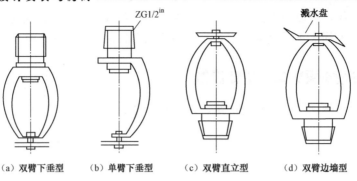

（a）双臂下垂型　　（b）单臂下垂型　　（c）双臂直立型　　（d）双臂边墙型

图 3-21　开启式喷头

在正常情况下，喷头处于开启状态，内部无水。当发生火灾时，喷头由手动喷水阀或者雨淋阀控制出水。开启式喷头可与手动喷水阀或者雨淋阀、供水管网、探测器及控制装置等组成雨淋灭火系统。

2. 水流指示器

水流指示器的作用是把水的流动转换成电信号报警，其电接点既可直接启动消防水泵，也可接通电警铃报警。在保护面积小的场所（如小型商店、高层公寓等），可以用水流指示器代替湿式报警阀。

在多层或大型建筑的自动喷水系统中，在每一层或每分区的干管或支管的始端都安装一个水流指示器。为了便于检修分区管网，水流指示器前端装设安全信号阀。

水流指示器按叶片形状可分为板式和桨式两种。这里以桨式水流指示器为例进行说明其工作原理，桨式水流指示器又分为电子接点方式和机械接点方式两种。桨式水流指示器主要由桨片、法兰底座、螺栓、本体和电接点等组成，如图 3-22 所示。

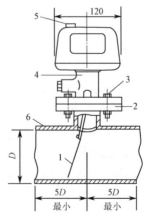

（a）实物图　　　　　　　　　　（b）结构图

1—桨片；2—法兰底座；3—螺栓；4—本体；5—接线孔；6—喷水管道

图 3-22　水流指示器示意图

桨式水流指示器工作原理：当发生火灾时，报警阀自动开启后，流动的消防水使桨片摆

动，带动其电接点动作，通过消防控制室启动水泵供水灭火。

桨式水流指示器的接线：水流指示器在应用时应通过模块与系统总线相连，水流指示器的接线如图 3-23 所示。

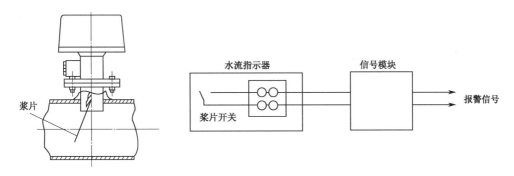

图 3-23　水流指示器的接线示意图

3．报警阀

1）湿式报警阀

湿式报警阀在湿式喷水灭火系统中是非常关键的。安装在总供水干管上，连接供水设备和配水管网。它必须十分灵敏，当管网中只有一个喷头喷水，破坏了阀门上、下的静止平衡压力时，就必须立即开启它，任何延迟都会延误报警，它一般采用止回阀的形式，即只允许水流向管网，不允许水流回水源。从而防止供水水源压力波动而开闭，虚发警报；另外，因为管网内水质因长期不流动而腐化变质，如果让它流回水源将产生污染。当系统开启时报警阀打开，接通水源和配水管，同时部分水流通过阀座上的环形槽，经信号管道送至水力警铃，发出报警信号。湿式报警阀的实物及结构分别如图 3-24 和图 3-25 所示。

图 3-24　湿式报警阀

2）干式报警阀

干式报警阀主要用在干式自动喷水灭火系统和干湿式自动喷水灭火系统中。其作用是用来隔开喷水管网中的空气和供水管道中的压力水，使喷水管网始终保持干管状态，当喷头开启时，管网空气压力下降，干式阀阀瓣开启，水通过报警阀进入喷水管网；同时，部分水流通过报警阀的环形槽进入信号设施进行报警。

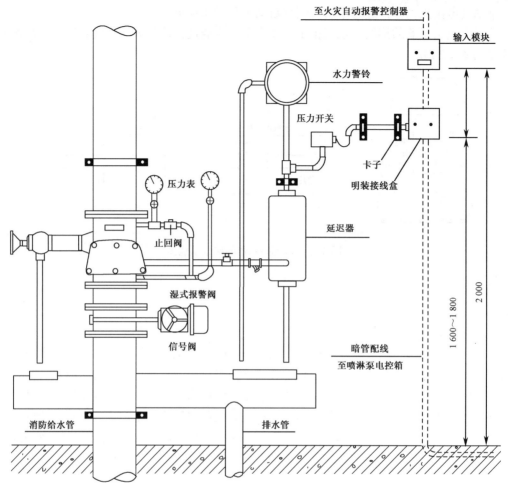

图 3-25 湿式报警阀结构图

4．延迟器

延迟器是一个有一定容积的罐子，安装在报警阀和水力警铃之间的信号管道上，其上部设有进水口和通往水力警铃的出水口，下部有一个口径较小的出水口，由报警阀来的水流流入延迟器，由于上部的进水口径大于下部的出水口径，因此部分水流聚集在延迟器中，只有当水流不断流入直到水能从顶部的出水口流到水力警铃时才开始报警。所以，由于水压波动而暂时开启报警阀时，水力警铃不会马上动作。延迟器的延迟时间一般为 20～30 s。延迟器的构造图如图 3-26 所示。

在信号管道上，通常还设有压力开关，用来发出报警信号启动电动警铃或通知消防中控室。水力警铃、压力开关、延迟器等一般都连同报警阀组装在一起由厂家配套出售。

5．压力开关

压力开关是用来监测管网压力是否处于正常工作状态。当湿式报警阀阀瓣开启，管网压力下降到设定值，压力开关触头动作，发出电信号至报警控制箱从而启动消防泵。报警管路上若装有延迟器，则压力开关应装在延迟器和水力警铃之间的信号管道上，当水力警铃报警时，

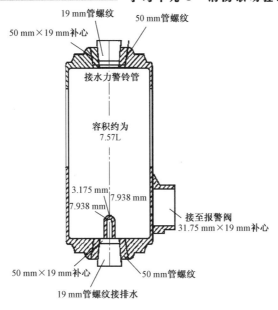

图 3-26　延迟器构造图

由于信号管水压升高接通电路而报警，并启动消防泵，电动报警在系统中可作为辅助报警装置，但不能代替水力警铃装置。压力开关要接入系统中需要有模块与报警总线连接，如图 3-27 所示；其实物图如图 3-28 所示。

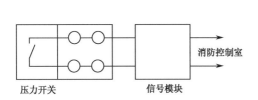

图 3-27　压力开关的接线图

图 3-28　压力开关

6. 水力警铃

每套自动喷水灭火设备都必须附有一个水力警铃。水力警铃是一个机械装置，当管网喷水时，即使只有一个喷头动作，湿式报警阀也会即行开启，水流立即通过管道进入水力警铃的水轮机室，推动水轮，旋转击铃轴摔锤击铃，发出在 3 m 远处不低于 80 dB 的连续不断的击铃声。水力警铃应尽可能安装在人员经常通过的走道附近，电动报警在系统中可作为辅助报警装置，但不能代替水力警铃装置。水力警铃的工作压力不应小于 0.05 MPa，与报警阀连接的管道，其管径应为 20 mm，总长不宜大于 20 m。水力警铃示意图如图 3-29 所示。

7. 信号阀

为了让消防控制室及时了解系统中阀门的关闭情况，在每一层或每个分区的水流指示器及报警阀前安装一个信号阀。信号阀由闸阀或蝶阀与行程开关组成，当阀门打开 3/4 时，才有信号输出表明此阀门打开，当阀门关上 1/4 时，就有信号输出，表明此阀门关闭。

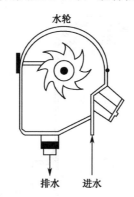

图 3-29　水力警铃示意图

8．末端试水装置

为了检验系统的可靠性，测试系统能否在开放一只喷头的最不利条件下可靠地报警并正常启动，要求在每个报警阀的供水最不利点处设置末端试水装置。末端试水装置的测试内容包括水流指示器、报警阀、压力开关、水力警铃的动作是否正常，配水管道是否畅通，以及最不利点处的喷头工作压力等。其他的防火分区与楼层，则要求在供水最不利点处装设直径 25 mm 的试水阀，以便在必要时连接末端试水装置，其实物图如图 2-30 所示。

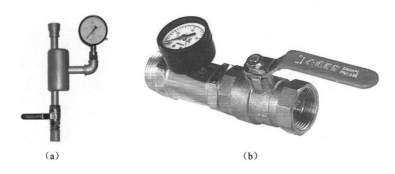

（a）　　　　　　　　　　　　　　　（b）

图 3-30　末端试水装置

3.3.3　自喷水灭火系统控制电路分析

在高层建筑及建筑群体中，每座楼宇的自动喷水灭火系统所用的泵一般为 2～3 台。采用两台泵时，平时管网中压力水来自高位水池，当喷头喷水，管道内压力降低，压力开关或者报警控制器启动喷淋泵，向管网补充压力水。平时一台工作，一台备用，当一台因故障停转，接触器触点不动作时，备用泵立即投入运行，两台水泵互为备用。可见，喷淋泵控制可分为手动控制和自动控制，具体由控制柜上的转换开关 SA 来选定，SA 有 1 号泵自动、2 号泵备用，2 号泵自动、1 号泵备用和手动 3 种工作状态。具体如图 3-31 所示的喷淋泵控制电路原理图。图中 KA1 触头受控于压力开关，压力开关动作时，KA1 动作闭合；压力开关复位时，KA1 触头复位断开。

采用 3 台消防泵的自动喷水灭火系统也比较常见，3 台泵中两台为压力泵即喷淋泵，一

台为稳压泵。稳压泵一般功率很小，在 5 kW 左右，其作用是使消防管网中水压保持在一定范围之内。当管网中有泄漏现象时，水压会逐渐下降，当水压小于规定的下限值时，稳压泵启动补压，当水压达到规定的上限值时，稳压泵停止运转。稳压泵运行概率比火灾时才启动的消防泵运行概率大得多，因而常常将稳压泵设计为两台水泵自动轮换交替使用，使两台泵磨损均匀，并保持干燥，此时自喷淋灭火系统用到 4 台消防泵，其控制电路原理如图 3-32 所示。图中 SP2 为压力的上限电接点，SP1 为下限电接点，分别用来控制高压力延时停泵和低压力延时启泵；另外，消火栓给水泵控制电路中的 KA2 的 31～32 触头在消防水池水位过低时是断开的，以便控制低水位停泵。

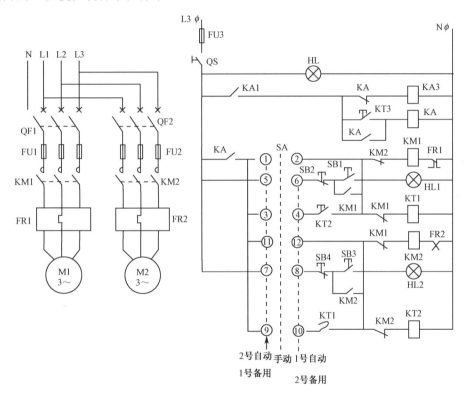

图 3-31　喷淋泵控制电路原理图

1. 喷淋泵运行工作原理分析

1) 1 号泵自动、2 号泵备用

合上自动开关 QF1、QF2、QS，将 SA 置于"1 号自动、2 号备用"位置，电源指示灯 HL 亮，喷淋泵处于准备工作状态。

当发生火灾时，如果温度升高使喷头喷水，管网中水压下降，压力开关动作，继电器 KA1 触头闭合，时间断电器 KT3 线圈通电，中间继电器 KA 线圈通电，接触器 KM1 线圈通电，1 号喷淋泵电动机 M1 启动加压，信号灯 HL1 亮，显示 1 号电动机运行，同时使 KT3 断电释放。当压力升高后，压力开关复位，KA1 触头复位，KA 断电，KM1 断电，1 号电动机停止。

当发生火灾时，如果 1 号电动机不动作，时间继电器 KT1 线圈通电，延时后其触头使接触器 KM2 线圈通电，备用泵 2 号电动机 M2 启动加压。

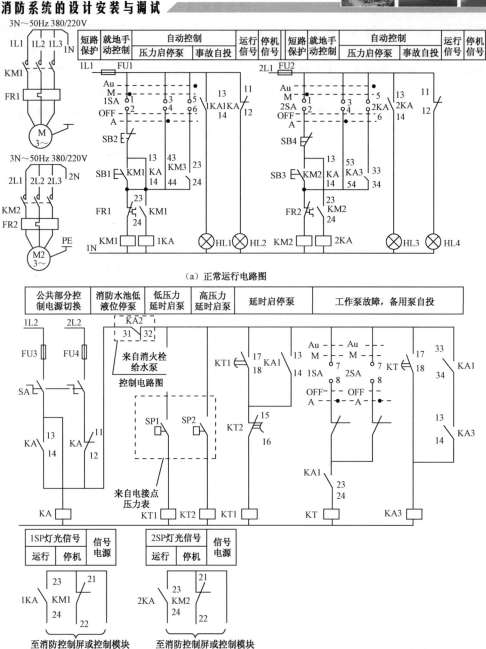

图 3-32　稳压泵控制电路原理图

2）2 号泵自动、1 号泵备用

将转换开关 SA 置于右位（2 号自动、1 号备用），合上自动开关 QF1、QF2、QS，为喷淋泵启动运行做好准备。其动作过程同上。

3）手动

当自动环节出现故障时，将 SA 置于"手动"位置，按 SB1～SB4 便可启动和停止 1 号

（2号）喷淋泵电动机。

2. 稳压泵运行工作原理分析

1）1号泵自动、2号泵备用

将选择开关 1SA 置于"A"位置，其 3～4、7～8 号触头闭合，2SA 置于"Au"位置，其 5～6 号触头闭合，做好准备。

当消防水池压力降至电接点压力表下限值时，SP1 闭合，时间继电器 KT1 线圈通电，经延时后，其常开触头闭合，中间继电器 KA1 线圈通电，运行信号灯 HL1 亮，停泵信号灯 HL2 灭。伴随着稳压泵的运行，压力不断提高，当压力升为电接点压力表高压力值时，其上限电接点 SP2 闭合，时间继电器 KT2 通电，其触头经延时断开，KAI 断电释放，使 KMI 线圈断电，KA1 线圈断电，稳压泵停止运行，HL1 灭，HL2 亮，如此在电接点压力表控制之下，稳压泵自动间歇运行。

如果由于某种原因 M1 不启动，接触器 KM1 不动作，使时间继电器 KT 通电，经过延时其触头闭合，使中间继电器 KA3 通电，KM2 通电，2号备用稳压泵 M2 自动投入运行加压，同时 2KA 通电，运行信号灯 HL3 亮，停泵信号灯 HL4 灭。随着 M2 运行，压力不断升高，当压力达到设定的最高压力值时，SP2 闭合，时间继电器 KT2 线圈通电，经延时后其触头断开，使 KA1 线圈断电，KA1 的 22～24 触头断开，KT 断电释放，KA3 断电，KM2、1KA 均断电，M2 停止，HL3 灭，HL4 亮。

2）2号泵自动、1号泵备用

将选择开关 1SA 置于"Au"位置，其 5～6 号触头闭合，2SA 置于"A"位置，其 3～4、7～8 号触头闭合做好准备。其动作过程同上。

3）手动

将 1SA、2SA 置于"M"位置，其 1～2 号触头闭合。若启动 M1，可按下启动按钮 SB1，KMI 线圈通电，稳压泵电动机 M1 启动，同时 1KA 通电，HL1 亮，HL2 灭，停止时按 SB2 即可。2号泵启动及停止按 SB3 和 SB4 便可实现。

3.4　防排烟系统

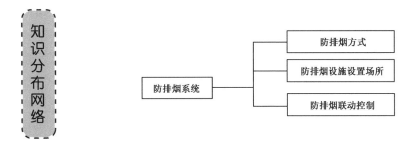

防排烟的目的是将火灾产生的大量烟气及时予以排除，阻止烟气向防烟分区以外扩散，以确保建筑物内人员的顺利疏散、安全避难和为消防人员创造有利的扑救条件。

据统计，在建筑火灾中，由于一氧化碳中毒窒息死亡或被其他有毒烟气熏死者一般占火灾总死亡人数的 40%～50%，最高达 65% 以上，而在被火烧死的人当中，多数是先中毒窒息晕倒后被烧死的。烟气是由固体、液体粒子和气体所形成的混合物，含有一氧化碳、二氧化碳、氟化氢、氯化氢等多种有毒成分，再加上高温缺氧对人体造成了危害。同时，烟气有遮光作用，使人的能见距离降低，这给疏散和救援活动造成了很大的障碍，为了及时排除有害烟气，确保高层建筑和地下建筑内人员的安全疏散和消防扑救，在高层建筑和地下建筑设计中设置防烟、排烟设施是十分必要的。

3.4.1　防排烟方式

为了达到防排烟的目的，必须对烟气进行控制，有排烟和防烟两种方式。排烟主要是针对火灾区域，将火灾产生的烟或流入的烟排出，以利于人员的疏散和扑救，可分为自然排烟和机械排烟。而防烟主要是对非火灾区域，特别是楼梯间、前室等疏散通道和封闭避难场所等迅速采用机械加压送风防烟措施，使该区域的空气压力高于火灾区域的空气压力，阻止烟气的侵入，控制火势的蔓延，有机械加压送风和密封防烟两种方式。

1. 自然排烟

自然排烟是借助室内外气体温度差引起的热压作用和室外风力所造成的风压作用而形成的室内烟气和室外空气之间的对流运动。常用的自然排烟方式有以下几个方面。

（1）房间和走道可利用直接对外开启的窗或专为排烟设置的排烟口进行自然排烟，如图 3-33（a）所示。

（2）无窗房间、内走道或前室可用上部的排烟口接入专用的排烟竖井进行自然排烟，如图 3-33（b）所示。

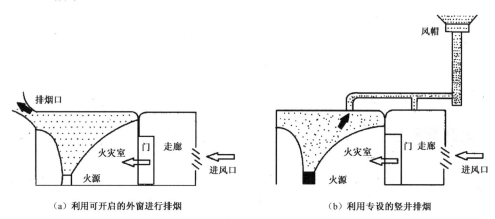

（a）利用可开启的外窗进行排烟　　　　（b）利用专设的竖井排烟

图 3-33　自然排烟方式

自然排烟方式的优点是不需要专门的排烟设备，不需要外加的动力，构造简单、经济、易操作，投资少，运行、维修费用也少，且平时可兼作换气用。缺点主要有排烟的效果不稳定，对建筑物的结构有特殊要求，存在火灾通过排烟口向紧邻上层蔓延的危险性等。

2. 机械排烟

利用排烟机把着火区域中所产生的高温烟气通过排烟口排至室外的排烟方式，称为机械

排烟。机械排烟可分为局部排烟和集中排烟两种方式。

（1）在每个需要排烟的部位设置独立的排烟机直接进行排烟，称为局部排烟方式。

（2）把建筑物划分为若干个系统，每个系统设置一台大型排烟机，系统内各个防烟分区的烟气通过排烟口进入排烟管道引到排烟机，直接排至室外，称为集中排烟方式。这种排烟方式已成为目前普遍采用的机械排烟方式。

另外，当建筑物内着火冒烟时，为安全起见，在排烟的同时，还应向火灾现场补充室外新鲜空气（送风），其方式有机械排烟、机械送风和机械排烟、自然进风两种方式。一般机械排烟利用设置在建筑物最上层的排烟风机，通过设在防烟楼梯间及前室或消防电梯前室上部的排烟口及排烟竖井排至室外，或者通过房间（或走道）上部的排烟口排至室外。送风通过竖井和进风口或送风口补充室外新鲜空气。

3．机械加压送风防烟

对疏散通道的楼梯间进行机械送风，使其压力高于防烟楼梯间或消防电梯前室，而这些部位的压力又比走道和火灾房间要高些，这种防止烟气侵入的方式，称为机械加压送风方式。送风可直接利用室外空气，不必进行任何处理。烟气则通过远离楼梯间的走道外窗或排烟竖井排至室外。

4．密封防烟

对于面积较小，且其墙体、楼板耐火性能较好、密闭性好并采用防火门的房间，可以采取关闭房间使火灾房间与周围隔绝，让火情由于缺氧而熄灭的防烟方式，称密封防烟。

3.4.2　防排烟设施设置场所

对于一类高层建筑和建筑高度超过 32 m 的二类高层建筑的以下部位，应设置机械排烟设施。

（1）无直接自然通风，且长度超过 20 m 的室内走道或虽有直接自然通风，但长度超过 60 m 的室内走道。

（2）面积超过 100 m² 的房间，且经常有人停留或可燃物较多的地上无窗房间或设固定窗的房间。

（3）不具备自然排烟条件或净空超过 12 m 的中庭。

（4）除利用窗井等开窗进行自然排烟的房间外，各房间总面积超过 200 m² 或一个房间面积超过 200 m²，且经常有人停留或可燃物较多的地下室。

对上述建筑的以下部位应设置独立的机械加压送风的防烟设施。

（1）不具备自然排烟条件的防烟楼梯间及前室，消防电梯前室或合用前室。

（2）采用自然排烟措施的防烟楼梯间及其不具备自然排烟条件的前室。

（3）封闭避难层（间）。

3.4.3　防排烟联动控制

防排烟设备包括正压送风机、正压送风阀、排烟风机、排烟阀、防火阀等。一般由控制电路完成开启或运行功能，一般情况下可通过火灾报警与联动系统进行自动控制，也可在紧急情况下人工手动控制。

1．防排烟联动控制方式

防排烟控制一般有中心控制和模块控制两种方式，如图 3-34 和图 3-35 所示。防烟控制方式与排烟控制方式相同，只是控制对象变成正压送风机和正压送风阀门。

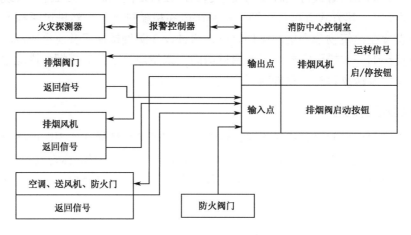

图 3-34　防排烟中心控制方式

（1）中心控制方式：消防中心接到火警信号后，直接产生信号控制排烟阀门开启、排烟风机启动，空调、送风机、防火门等关闭，并接收各设备的返回信号和防火阀动作信号，监测各设备的运行状况。

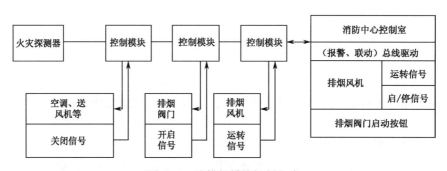

图 3-35　防排烟模块控制方式

（2）模块控制方式：消防中心接收到火警信号后，产生排烟风机和排烟阀门等动作信号，经总线和控制模块驱动各设备动作并接收其返回信号，监测其运行状态。

2．防排烟联动控制要求

（1）消防控制室应能对排烟风机和正压送风机进行应急控制，即手动启动应急按钮。

（2）排烟阀宜由其排烟分区内设置的感烟探测器组成的控制电路在现场控制开启；排烟阀动作后应启动相关的排烟风机和正压送风机，停在相关范围内的空调风机及其他送、排风机；同一排烟区内的多个排烟阀，若需同时动作时，可采用接力控制方式开启，并由最后动

作的排烟阀发送动作信号。

（3）设在排烟风机入口处的防火阀动作后应联动停止排烟风机。排烟风机入口处的防火阀，是指安装在排烟主管道总出口处的防火阀（一般在 280℃时动作）。

（4）设于空调通风管道上的防排烟阀，宜采用定温保护装置直接动作阀门关闭；只有必须要求在消防控制室远方关闭时，才采取远方控制。设在风管上的防排烟阀，是堵在各个防火分区之间通过的风管内装设的防火阀（一般在 70℃时关闭）。这些阀是为防止火焰经风管串通而设置的。关闭信号要反馈至消防中心控制室，并停止有关部位风机。

3.5　防火分隔设施

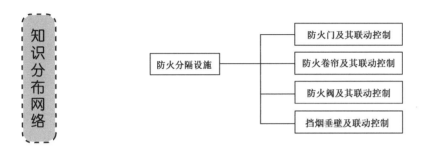

在火灾发生时，为了防止火灾蔓延扩散而威胁到相邻建筑设施和人员的生命财产安全，需要采取分隔措施，把火灾损失降低到最低限度。常用的防火分隔设施有防火墙、防火楼板、防火门、防火卷帘门和防火阀等。

3.5.1　防火门及其联动控制

防火门通常用在防火墙上、楼梯间出入口或管井开口部位，要求能隔烟、火。防火门对防止烟、火的扩散和蔓延及减少火灾损失起重要作用。

防火门由防火锁、手动及自动环节组成，如图 3-36 所示。按其所用的材料可分为钢质防火门、木质防火门和复合材料防火门；按耐火极限可分为甲级防火门、乙级防火门和丙级防火门；按防火门的作用可分为疏散用常开防火门和防盗用常闭防火门，其中常开防火门按门的固定方式又可分为被永久磁铁吸住处于开启状态和被电磁锁的固定销扣住呈开启状态两种。

1. 按防火门的耐火极限分类

（1）甲级防火门：耐火极限不低于 1.2 h 的防火门。主要安装在防火分区间的防火墙上。

（2）乙级防火门：耐火极限不低于 0.9 h 的防火门。防烟楼梯间和通向前室的门、高层建筑封闭楼梯间的门以及消防电梯前室或合用前室的门均采用乙级防火门。

（3）丙级防火门：耐火极限不低于 0.6 h 的防火门。建筑物中管道井、电缆井等竖向井道的检查门和高层民用建筑中垃圾道前室的门均应采用丙级防火门。

2. 按防火门的作用分类

（1）疏散通道上的常开防火门。常开防火门除应设普通的闭门器及顺序器（双扇和多扇

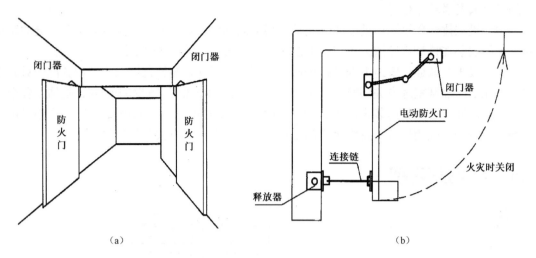

图 3-36 防火门示意图

防火门，应设置顺序器）外，特别要求设置防火门释放开关，当防火门任意一侧的感烟探测器动作后，由联动模块接通防火门释放开关的 DC 24 V 线圈，释放被锁定的防火门，也可以用手强行拉出释放开关释放防火门，防火门在闭门器及顺序器的作用下自动关闭，从而阻断烟火；同时，将防火门被关闭的信号反馈给消防中心控制室。

防火门锁按门的固定方式可分为两种：一种是防火门被永久磁铁吸住处于开启状态，当发生火灾时通过自动控制或手动关闭防火门，自动控制是由感烟探测器或联动控制盘发来指令信号，使 DC 24 V、0.6 A 电磁线圈的吸力克服永久磁铁的吸着力，从而靠弹簧将门关闭，手动操作是人力克服磁铁吸力，门即关闭；另一种是防火门被电磁锁的固定销扣住呈开启状态，发生火灾时，由感烟探测器或联动控制盘发出指令信号使电磁锁动作，或用手拉防火门使固定销掉下，门即关闭。

（2）防盗功能的常闭防火门。有些疏散通道，单位的管理者平时要求防盗及保安，常闭的防火门就需要上锁，若没有消防技术措施，一旦把门锁死，发生火灾时人员将无法疏散进而酿成惨祸，这种情况防火门就必须采取联动控制措施。

简单功能的防火门可以设推闩式电磁锁，有复杂功能要求的防火门可以选择安全疏散门控制器，此类产品多用电磁锁锁门，有防撬报警功能。当发生火灾时，可通过消防联动模块控制安全疏散门控制器开启防火门，专用的安全疏散门控制器发出声光报警信号，疏导人员疏散。现场还设有紧急手动按钮，紧急时人员可直接启动安全疏散门控制器开启防火门，并发出声光报警信号。一台安全疏散门控制器可以控制 8 台以下的防火门。

3. 电动防火门的控制要求

（1）重点保护建筑中的电动防火门应在现场自动关闭，不宜在消防控制室集中控制。

（2）防火门两侧应设专用的感烟探测器组成控制电路。

（3）防火门宜选用平时不耗电的释放器，且宜暗设。

（4）防火门关闭后，应有关闭信号反馈到区控盘或消防中心控制室。

3.5.2　防火卷帘及其联动控制

建筑物的敞开电梯厅及一些公共建筑因面积过大,超过了防火分区最大允许面积的规定,如百货楼的营业厅、展览楼的展厅等,必须设置防火隔离措施,但此处设置防火墙或防火门会有困难。所以,采取较为灵活的防火处理方法,可设防火卷帘。防火卷帘是一种活动的防火分隔设施,平时卷起放在门窗上口或者防火分区通道上方的滚筒中,起火时将其放开展开,形成门市式防火分隔,用以阻止火势从门窗洞口或通道蔓延。防火卷帘设置部位一般有消防电梯前室、自动扶梯周围、中庭与每层走道、过厅、房间相通的开口部位、代替防火墙需设置防火分隔设施的部位等。

1. 防火卷帘组成及分类

防火卷帘由电动机、变速箱、控制箱及卷闸帘板等组成,如图 3-37 所示。帘板可阻挡烟火和热气流。防火卷帘按帘板的厚度分为轻型卷帘和重型卷帘。轻型卷帘钢板的厚度为 0.5～0.6 mm;重型卷帘钢板的厚度为 1.5～1.6 mm。重型卷帘一般适用于防火墙或防火分隔墙上。防火卷帘按帘板构造可分为普通型钢质防火卷帘和复合型钢质防火卷帘。前者由单片钢板制成;后者由双片钢板,中间加隔热材料制成。

防火卷帘按其用途可分为仅用于防火分隔的防火卷帘和可用于疏散通道上的防火卷帘。前者仅用于防火分隔,一般设置在自动扶梯四周、中庭与房间、走道等开口部位,当发生火灾时,相应的探测器报警后,采取一次下落到底的控制方式;而疏散通道的防火卷帘应采取两次下落控制方式,感烟探测器报警后控制下落距地面 1.8 m,感温探测器报警后控制下落到底,其目的是便于火灾初起时人员的疏散。

2. 防火卷帘联动控制方式与电路分析

1)防火卷帘联动控制方式

防火卷帘的控制也有中心控制和模块控制两种控制方式,分别如图 3-38 和图 3-39 所示。另外,防火卷帘根据是否单体控制还可以分为分别控制方式和分组控制方式,如图 3-40 和图 3-41 所示。在大厅、自动扶梯、商场等处作为防火分隔用的防火卷帘允许同时动作时,采用分组控制方式可以大大减少控制模块和编码探测器的数量,从而减少投资。

2)防火卷帘控制要求

用于防火分隔的防火卷帘当发生火灾时,应采取一次下落到底的控制方式,而疏散通道的防火卷帘应采取两次下落控制方式,感烟探测器报警后控制下落距地面 1.8 m,感温探测器报警后控制下落到底。另外,为保障人员安全疏散,防火卷帘两侧还应设置手动控制和温度(易熔金属)控制功能,以确保在火灾探测器、联动装置或消防电源发生故障时,借助易熔金属仍能发挥防火卷帘的防火分隔作用,即具有自动、手动和机械控制的功能。

3)二步降防火卷帘控制电路分析

如图 3-42 所示为二步降防火卷帘的控制程序,如图 3-43 所示为防火卷帘控制电路。

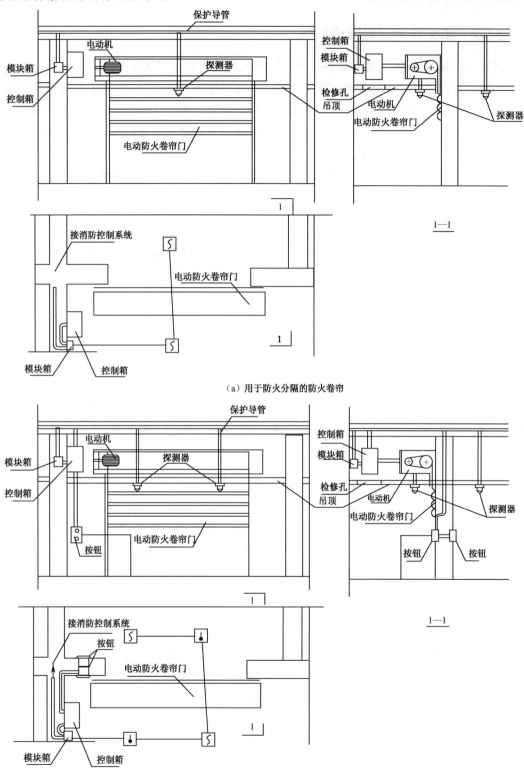

（a）用于防火分隔的防火卷帘

（b）用于疏散通道上的防火卷帘

图 3-37　电动防火卷帘安装示意图

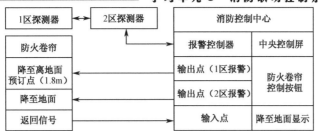

图 3-38　防火卷帘中心控制方式

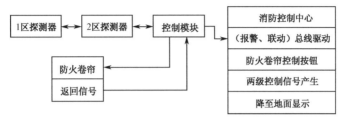

图 3-39　防火卷帘模块控制方式

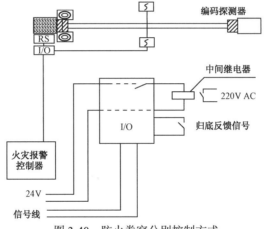

图 3-40　防火卷帘分别控制方式

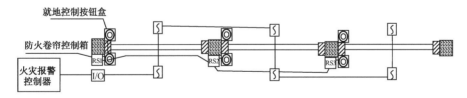

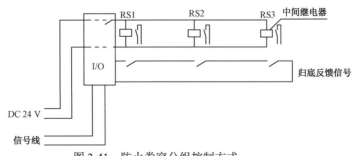

图 3-41　防火卷帘分组控制方式

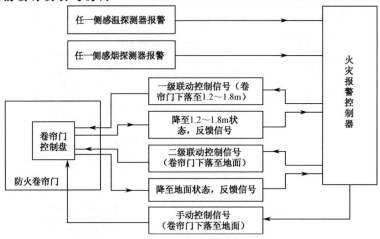

图 3-42　二步降防火卷帘控制程序图

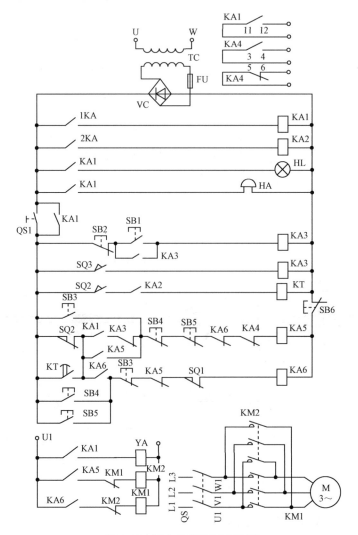

图 3-43　防火卷帘控制电路图

正常时卷帘卷起，且用电锁锁住；当发生火灾时，卷帘门分两步下放，具体过程如下。

第一步下放：当火灾初期产生烟雾时，来自消防中心的联动信号（感烟探测器报警所致）使触点 1 KA（在消防中心控制器上的继电器因感烟报警而动作）闭合；中间继电器 KA1 线圈通电动作；使信号灯 HL 亮，发出报警信号；电警笛 HA 响，发出声报警信号；KA1$_{11-12}$ 号触头闭合，给消防中心一个卷帘启动的信号（即 KA1$_{11-12}$ 号触头与消防信号灯相接）；将开关 QS1 的常开触头短接，全部电路通以直流电；电磁铁 YA 线圈通电，打开锁头，为卷帘门下降做准备；中间继电器 KA5 线圈通电，将接触器 KM2 线圈接通，KM2 触头动作，门电机反转卷帘下降；当卷帘下降到距地 1.2～1.8 m 时，位置开关 SQ2 受碰撞而动作，使 KA5 线圈失电，KM2 线圈失电；门电机停，卷帘停止下放（现场中常称为中停），这样既可隔断火灾初期的烟，也有利于灭火和人员逃生。

第二步下放：当火势增大，温度上升时，消防中心的联动信号接点 2 KA（安在消防中心控制器上且与感温探测器联动）闭合，使中间继电器 KA2 线圈通电，其触头动作，使时间继电器 KT 线圈通电；经延时 30 s 后其触点闭合，使 KA5 线圈通电，KM2 又重新通电，门电机又反转，卷帘继续下放；当卷帘落地时，碰撞位置开关 SQ3 使其触点动作，中间继电器 KA4 线圈通电；其常闭触点断开，使 KA5 失电释放，又使 KM2 线圈失电，门电机停止；同时 KA4$_{3-4}$ 号、KA4$_{5-6}$ 号触头将卷帘门完全关闭信号（或称落地信号）反馈给消防中心。

卷帘上升控制：当火扑灭后，按下消防中心的卷帘卷起按钮 SB4 或现场就地卷起按钮 SB5，均可使中间继电器 KA6 线圈通电，使接触器 KM1 线圈通电，门电机正转，卷帘上升；当上升到顶端时，碰撞位置开关 SQ1 使之动作，使 KA6 失电释放，KM1 失电，门电机停止，上升结束。开关 QS1 用于手动开、关门，而按钮 SB6 则用于手动停止卷帘升和降。

3.5.3 防火阀及其联动控制

防火阀是指在一定时间内能满足耐火稳定性和耐火完整性要求，用于通风、空调管道内或者安装在排烟系统管道内阻火的活动式封闭装置。火灾资料统计表明，在有通风、空气调节系统的建筑物内发生火灾时，穿越楼板、墙体的垂直与水平风道是火势蔓延的主要途径。

按照安装位置及动作温度不同可分为 70℃防火阀和 280℃防火阀（排烟防火阀）两种，其实物图如图 3-44 所示。

图 3-44 防火阀

1. 70℃防火阀

防火阀安装在通风、空调系统的送、回风管上，平时处于开启状态，火灾时当管道内气体温度达到70℃时关闭，在一定时间内能满足耐火稳定性和耐火完整性要求，起隔烟阻火作用。防火阀可手动关闭，也可与火灾自动报警系统联动自动关闭，但均须人工手动复位。不管自动关闭还是手动关闭，均应能在消防控制室接到防火阀动作的反馈信号。

为防止火灾通过通风、空调系统管道蔓延扩大，一般在以下位置设置70℃防火阀。

（1）通风管道穿越不燃烧体楼板处应设防火阀。通风管道穿越防火墙处应设防烟防火阀，或在防火墙两侧分别设防火阀。

（2）送、回风总管穿越通风、空气调节机房的隔墙和楼板处应设防火阀。

（3）送、回风管道穿过贵宾休息室、多功能厅、大会议室、贵重物品间等性质重要或火灾危险性大的房间的隔墙和楼板处应设防火阀。

（4）多层和高层工业与民用建筑的楼板常是竖向防火分区的防火分隔设施，在这类建筑中的每层水平送、回风管道与垂直风管交接处的水平管段上，应设防火阀。

（5）风管穿过建筑物变形缝处的两侧，均应设防火阀。多层公共建筑和高层民用建筑中厨房、浴室、厕所内的机械或自然垂直排风管道，如果采取防止回流的措施有困难时，应设防火阀。

（6）防火阀的易熔片或其他感温、感烟等控制设备一经作用，应能顺气流方向自行严密关闭，并应设有单独支吊架等防止风管变形而影响关闭的措施。易熔片及其他感温元件应装在容易感温的部位，其作用温度应较通风系统在正常工作时的最高温度高约25℃，一般宜为70℃。

（7）进入设有气体自动灭火系统房间的通风、空调管道上应设防火阀。

2. 280℃防火阀

280℃防火阀是安装在排烟系统管道上，在一定时间内能满足耐火稳定性和耐火完整性要求，并起阻火隔烟作用的阀门。280℃防火阀的组成、形状和工作原理与70℃防火阀相似，其不同之处主要是安装管道和动作温度不同，70℃防火阀安装在通风、空调系统的管道上，动作温度宜为70℃，而280℃防火阀安装在排烟系统的管道上，动作温度为280℃。

280℃防火阀具有手动、自动功能。发生火灾后，可自动或手动打开，进行排烟，当排烟系统中的烟气温度达到或超过280℃时，阀门自动关闭，与排烟风机联动，排烟风机停止，有效防止了火灾向其他部位的蔓延扩大。

3.5.4 挡烟垂壁及其联动控制

设置排烟的房间、走道和地下室应用隔墙、挡烟垂壁和从顶棚下凸出不小于50 cm的梁划分防烟分区。挡烟垂壁起阻挡烟气的作用，同时可提高防烟分区排烟口的吸烟效果。挡烟垂壁应用非燃材料制作，如钢板、夹丝玻璃、钢化玻璃等。挡烟垂壁可采用固定式的或活动式的，当建筑物净空较高时可采用固定式的挡烟垂壁，将挡烟垂壁长期固定在顶棚面上，当建筑物净空较低时，宜采用活动式的挡烟垂壁。

活动挡烟垂壁应由感烟探测器控制，或与排烟口联动，或受消防控制中心控制，但同时应能就地手动控制。活动挡烟垂壁落下时，其下端距地面的高度应大于 1.8 m，如图 3-45 所示。

挡烟隔墙，从挡烟效果看，比挡烟垂壁的效果要好些。因此，要求成为安全区域的场所，宜采用挡烟隔墙。

图 3-45   挡烟垂壁应用

3.6   消防应急广播系统的分类与设置要求

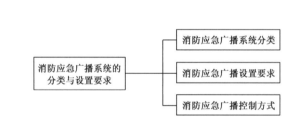

消防应急广播系统是火灾疏散和灭火指挥的重要设备，在整个消防控制管理系统中起着极其主要的作用。火灾发生时，应急广播信号由音源设备发出，经功率放大器放大后，由控制模块切换到指定区域的扬声器实现应急广播。它主要由音源（包括传声器、录音机等）、功率放大器、扬声器（或音箱，有吸顶式和壁挂式）等构成，如图 3-46 所示。消防应急广播系统一般应用在人员密集，发生火灾影响较大，必须设置控制中心报警系统的场所，如高层宾馆、饭店、办公楼、综合楼、医院等。在条件允许情况下，集中火灾报警系统也应设置火灾应急广播。

1. 消防应急广播系统分类

消防应急广播系统根据线制不同可分为多线制和总线制两种。

1）多线制消防广播系统

多线制消防广播系统，对外输出的广播线路按广播分区来设计，每一广播分区有两根独立的广播线路与现场放音设备连接，各广播分区的切换控制由消防控制中心专用的多线制消防广播分配盘来完成。多线制消防广播系统中心的核心设备为多线制广播分配盘，通过此切换盘，可手动完成各广播分区进行正常或消防广播的切换。但是因为多线制消防广播系统的

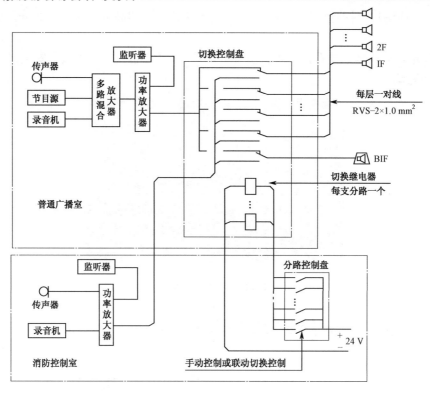

图 3-46　消防应急广播系统

n 个防火（或广播）分区须敷设 2*n* 条广播线路，导致施工难度大、工程造价高，所以多线制消防广播系统在实际应用中已很少使用了，其系统构成如图 3-47 所示。

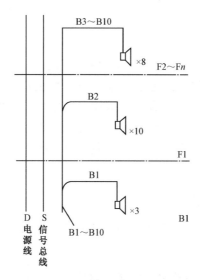

图 3-47　多线制消防广播系统

2）总线制消防广播系统

总线制消防广播系统取消了广播分路盘，总线制消防广播系统主要由总线制广播主机、

功率放大器、广播模块、扬声器组成，如图3-48所示。该系统使用和设计灵活，与正常广播配合协调，同时成本相对较低。所以，应用相当广泛。

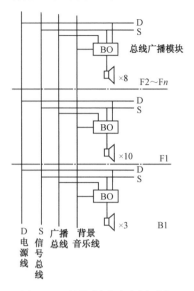

图3-48 总线制消防广播系统

以上两种系统都可与火灾报警设备成套供应，在购买火灾报警系统时厂家可依据要求加配相关设备。

2. 消防应急广播设置要求

1）消防广播扬声器的设置要求

（1）火灾应急广播的扬声器宜按照防火分区设置和分路。在民用建筑中，扬声器应设置在走道和大厅等公共场所。每个扬声器的额定功率不应小于3 W，其间距应保证从一个防火分区的任何部位到最近一个扬声器的步行距离不大于25 m，走道末端扬声器距墙不大于12.5 m。

（2）在环境噪声大于60 dB的场所，在其播放范围内最远点的播放声压级高于背景噪声15 dB。

（3）客房设置专用扬声器时，其功率不宜小于1W。

2）消防广播与公共广播合用时的要求

（1）火灾时，应能在消防控制室将火灾疏散层的扬声器和公共广播扩音机强制转入火灾应急广播系统。

（2）消防控制室能监控应用于火灾应急广播时的扩音机的工作状态，并具有遥控开启扩音机和采用传声器播音的功能。

（3）床头控制柜内设有服务性音乐广播时，应有火灾应急广播功能。

（4）应设置火灾应急广播备用扩音机，其容量不应小于火灾时需同时广播的范围内火灾应急广播扬声器最大容量总和的1.5倍。

另外，在为商场等大型场所选用功率放大器时，应能满足三层所有扬声器启动的要求，音源设备应具有放音、录音功能。如果业主要求应急广播平时作为背景音乐的音箱时，功率

放大器的功率应选择大于所有广播功率的总和，否则功率放大器将会过载保护导致无法输出背景音乐。

3）消防广播控制顺序的设置要求

发生火灾时，为了便于疏散和减少不必要的混乱，火灾应急广播发出警报时，不能采用整个建筑物火灾应急广播系统全部启动的方式，而应该仅向着火楼层及与其相关楼层进行广播。当着火层在二层以上时，仅向着火层及其上下各一层发出紧急广播；当着火层在首层时，需要向首层、二层及全部地下层进行紧急广播；当着火层在地下的任一层时，需要向全部地下层和首层紧急广播。

3. 消防应急广播控制方式

（1）消防应急广播系统仅利用音响广播系统的扬声器和传输线路，其扩音机等装置是专用的。当发生火灾时，应由消防控制室切换输出线路，使音响广播系统投入火灾紧急广播。

（2）消防应急广播系统完全利用音响广播系统的扩音机、扬声器和传输线路等装置时，是采用了在分路盘中抑制背景音乐声压级提高消防应急广播声压级的方式，这样做可使功放及输出线只需一套，方便又简洁。但在对酒吧、宴会厅等背景音乐输出要调节音量时，应从广播分路盘中用 3 条线引入扬声器，发生火灾时强切到第 3 条线路上为火灾广播，并切除第 2 条线路，即切除背景音乐。

3.7 消防通信系统的分类与设置要求

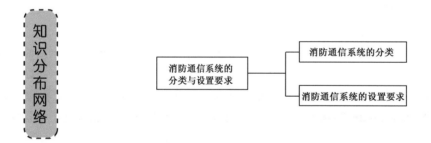

消防电话是一种相对市话而独立消防专用的通信系统，通过这个系统可以迅速实现对火灾的人工确认，并可及时掌握火灾现场情况及进行其他必要的通信联络，便于指挥灭火和恢复工作。消防电话系统主要由电话总机、传输线路、电话分机、电话插孔及必要的事故切换装置等组成。消防控制室应设置消防专用电话总机，且宜选择供电式电话总机或对讲通信电话设备。消防控制室、消防值班室或企业消防站等处，应设置可直接报警的外线电话。

1. 消防通信系统的分类

1）多线制对讲电话系统

消防控制室专用对讲通信电话设备与各固定对讲电话分机和对讲电话插孔为多线连接，一般与固定对讲电话一对一连接（每部电话占用电话主机的一路），与对讲电话插孔每个防火分区一对线并联连接。多线制对讲电话系统，如图 3-49 所示。

2）总线制对讲电话系统

消防控制室专用对讲通信电话设备与各固定对讲电话及对讲电话插孔为总线连接，通过专用控制模块控制，每个固定对讲电话分机均有固定的地址编码，对讲电话插孔可分区编码。总线制对讲电话系统，如图 3-50 所示。

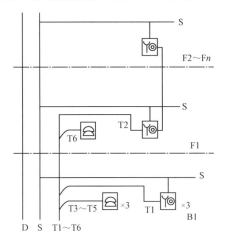

图 3-49　多线制对讲电话系统

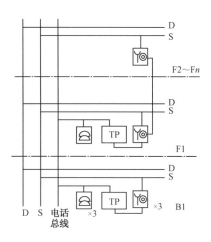

图 3-50　总线制对讲电话系统

2. 消防通信系统的设置要求

（1）消防水泵房、各用发电机房、变配电室、主要通风和空调机房、排烟机房、消防电梯机房及其他与消防联动控制有关的经常有人值班的机房；灭火控制系统操作装置处或控制室；企业消防站、消防值班室、总调度室应设置消防专用电话分机，带编码地址，安装高度宜为 0.4～0.5 m。

（2）设有手动火灾报警按钮、消火栓按钮等处宜设置电话塞孔，不带编码地址，安装高度宜为 1.3～1.5 m。

（3）特级保护对象的各避难层应每隔 20 m 设置一个消防专用电话分机或电话塞孔。

（4）消防控制室、消防值班室或企业消防站等处，应设置可直接报警（119）的外线电话。

3.8　火灾应急照明和疏散指示照明的分类与设置要求

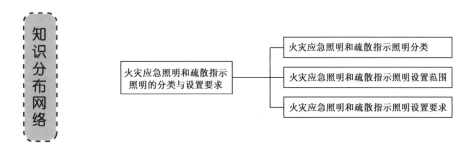

火灾应急照明和疏散指示照明是指在发生火灾而正常电源断电时，在重要的房间或建筑的主要通道，继续维持一定程度的照明，保证人员迅速疏散及时对事故进行处理。高层建筑

内人员密度较大，一旦发生火灾或某些人为事故时，室内动力照明线路有可能被烧毁，为了避免线路短路而使事故扩大，必须人为地切断部分电源线路。因此，在建筑物内设置火灾应急照明和疏散指示系统是十分必要的，其实物图如图3-51和图3-52所示。

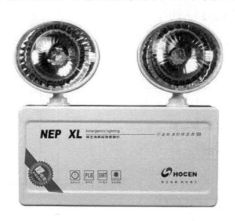

图 3-51　应急照明

（a）

（b）

图 3-52　疏散指示照明

1. 火灾应急照明和疏散指示照明分类

应急照明设置通常有两种方式：一种是设独立照明回路作为应急照明，该回路灯具平时是处于关闭状态，只有在发生火灾时，通过末级应急照明切换控制箱使该回路通电，使应急照明灯具点亮；另一种是利用正常照明的一部分灯具作为应急照明，这部分灯具既连接在正常照明的回路中，同时也被连接在专门的应急照明回路中，正常时，该部分灯具由于接在正常照明回路中，因此被点亮；当发生火灾时，虽然正常电源被切断，但由于该部分灯具又接在专门的应急照明回路中，因此灯具依然处于点亮状态，当然要通过末级应急照明切换控制箱才能实现正常照明和应急照明的切换。

疏散指示照明设置也有两种：一种是平时点亮，兼作平时出入口的标志；另一种是平时不点亮，事故时接受指令而点亮；在无自然采光的地下室、楼内通道与楼梯间的出入口等处，需要采用平时点亮方式。

2. 火灾应急照明和疏散指示照明设置范围

对单层、多层公共建筑，乙、丙类高层厂房，人防工程，高层民用建筑的以下部位应设火灾应急照明：

（1）封闭楼梯间、防烟楼梯间及其前室、消防电梯及其前室、合用前室和避难层（间）；

（2）配电室、消防控制室、消防水泵房、防排烟机房、供消防用电的蓄电池室、自备发电动机房、电话总机房及发生火灾时仍需坚持工作的其他房间；

（3）观众厅、展览厅、多功能厅、餐厅、商场营业厅、演播室等人员密集的场所；

（4）人员密集且建筑面积超过 300 m^2 的地下室；

（5）公共建筑内的疏散走道和居住建筑内长度超过 20 m 的内走道。

对公共建筑、人防工程和高层民用建筑的以下部位应设灯光疏散指示标志：

（1）除二类居住建筑外，高层建筑的疏散走道和安全出口处；

（2）影剧院、体育馆、多功能礼堂、医院的病房楼等的疏散走道和疏散门处；

（3）人防工程的疏散走道及其交叉口、拐弯处、安全出口处。

3．火灾应急照明和疏散指示照明设置要求

（1）疏散用的火灾应急照明，其地面最低照度应不低于 0.5 lx。

（2）消防控制室、消防水泵房、防排烟机房、配电室和自备发电动机房、电话总机房及发生火灾时仍需坚持工作的其他房间的火灾应急照明，仍应保证正常照明的照度。

（3）疏散指示照明维持时间按楼层高度及疏散距离计算，一般维持时间为 20～60 min。

（4）按防火规范要求，疏散指示照明的指示标志应采用白底绿字或绿底白字，并用箭头或图形指示疏散方向，以达到醒目的效果，使光的距离传播较远。

（5）疏散指示照明应设在安全出口的顶部且嵌墙安装，或在安全出口门边墙上距地 2.2～2.5 m 处明装；疏散走廊及转角处、楼梯休息平台处在距地 1 m 以下嵌墙安装；大面积的商场、展厅等安全通道上采用顶棚下吊装。疏散指示照明设置示例，如图 3-53 所示。

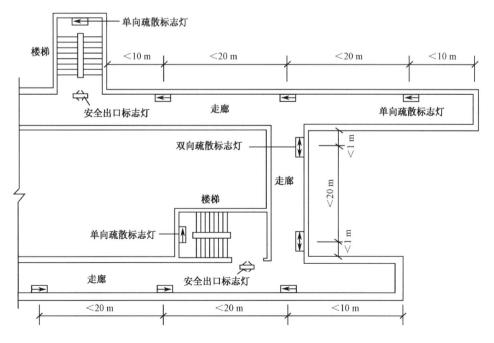

图 3-53　疏散指示照明设置示例

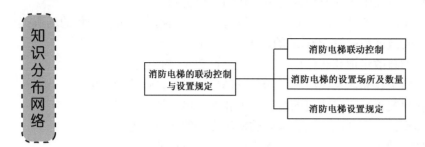

3.9 消防电梯的联动控制与设置规定

知识分布网络

消防电梯的联动控制与设置规定
- 消防电梯联动控制
- 消防电梯的设置场所及数量
- 消防电梯设置规定

消防电梯是高层建筑特有的消防设施。高层建筑的工作电梯在发生火灾时，常常因为断电和不防烟等原因而停止使用，这时楼梯则成为垂直疏散的主要设施。如果不设置消防电梯，一旦高层建筑高处起火，消防队员若靠攀登楼梯进行扑救，会因体力不支和运送困难而贻误时机；且消防队员经楼梯奔向起火部位进行扑救火灾工作时，势必和向下疏散的人员产生"对撞"情况，也会延误时机；另外，未疏散出来的楼内受伤人员不能利用消防电梯进行及时的抢救，容易造成不应有的伤亡事故。因此，必须设置消防电梯，以控制火势蔓延和为扑救赢得时间。

1. 消防电梯联动控制

消防控制中心在火灾确认后，应能控制电梯全部停于 1 层，并接受其反馈信号。非消防电梯停于 1 层放人后，切断其电源。电梯的控制有以下两种方式。

（1）一是将所有电梯控制的副盘显示设在消防控制中心，消防值班人员随时可以直接操作。

（2）二是消防控制中心自行设计电梯控制装置（一般是通过消防控制模块实现），发生火灾时，消防值班人员通过控制装置向电梯机房发出火灾信号和强制电梯全部停于 1 层的指令。

在一些大型公共建筑内，利用消防电梯前的感烟探测器直接联动控制电梯，这也是一种控制方式，但是必须注意感烟探测器误报的危险性，最好还是通过消防中心进行控制。

消防电梯在火灾状态下应能在消防控制室和 1 层电梯门厅处明显的位置设有控制归底的按钮。消防在联动控制系统设计时，常用总线制或多线制控制模块来完成此项功能，如图 3-54 所示。

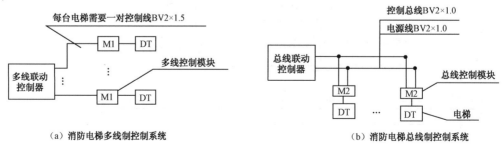

图 3-54　消防电梯控制系统

2．消防电梯的设置场所及数量

1）消防电梯的设置场所
（1）一类公共建筑；
（2）塔式住宅；
（3）12层及12层以上的单元式住宅和通廊式住宅；
（4）高度超过32 m的其他二类公共建筑。

2）消防电梯的设置数量
（1）当每层建筑面积不大于1500 m² 时，应设1台；
（2）当大于1500 m² 但小于或等于4500 m² 时，应设2台；
（3）当大于4500 m² 时，应设3台；
（4）消防电梯可与客梯或工作电梯兼用，但应符合消防电梯的要求。

3．消防电梯设置规定

消防电梯布置于高层建筑时，应考虑到消防人员使用的方便性并宜与疏散楼梯间结合布置。消防电梯的具体设置应符合以下几个方面的规定。
（1）消防电梯宜分别设在不同的防火分区内；
（2）消防电梯间应设前室，前室的面积对于不同的建筑有不同的要求，居住建筑不应小于4.5 m²；公共建筑不应小于6 m²。当与防烟楼梯间合用前室时，其面积，居住建筑不应小于6 m²；公共建筑不应小于10 m²；
（3）消防电梯间前室宜靠外墙设置，若受平面布置的限制，要设置不穿越其他任何房间的走道，且长度不超过30 m；
（4）消防电梯间前室的门，应采用乙级防火门或具有停滞功能的防火卷帘，但合用前室的门不能采用防火卷帘，只能用防火门；
（5）消防电梯的载重量不应小于800 kg；
（6）消防电梯井、机房与相邻其他电梯井、机房之间，应采用耐火极限不低于2 h的隔墙隔开，当在隔墙上开门时，应设甲级防火门；
（7）为使消防人员迅速地到达起火层，消防电梯的行驶速度，应按从首层到顶层的运行时间不超过60 s计算确定；
（8）消防电梯轿厢内装修应采用不燃烧材料；
（9）消防电梯轿厢内应设专用电话，并应在首层设供消防队员专用的操作按钮；
（10）消防电梯间前室门口宜设挡水设施。消防电梯的井底应设排水设施，排水井容量不应小于2 m³，排水泵排水量不应小于10 L/s；
（11）消防电梯动力与控制电缆、电线应采取防水措施；
（12）消防电梯可与客梯或工作电梯兼用，但应符合上述各项要求。

实训 3　消防联动控制系统认识

1．实训目的

通过本次实训教学与学习，使学生了解消防联动控制系统的组成及系统动作过程，掌握消防联动控制系统的使用。

2．实训器材

消防系统装置。

3．实训步骤

1）准备工作

进行"安全、规范、严格、有序"教育为主的实训动员，明确任务和要求。

2）消火栓灭火系统

（1）消火栓灭火系统设备介绍。直观认识消火栓灭火系统；

（2）启动消火栓灭火系统，演示系统工作过程。通过感性认识理解消火栓灭火系统工作流程。

3）自喷水灭火系统

（1）自喷水灭火系统设备介绍。直观认识自喷水灭火系统；

（2）启动自喷水灭火系统，演示系统工作过程。通过感性认识理解自喷水灭火系统工作流程。

4）辅助灭火/避难指示系统

（1）辅助灭火/避难指示系统设备介绍。直观认识辅助灭火/避难指示系统，包括防火卷帘、防火阀、消防应急广播、消防通信、火灾应急照明及疏散指示照明等；

（2）启动消防系统，演示系统在辅助灭火及避难指示方面的联动。通过感性认识理解辅助灭火及避难指示系统功用。

4．注意事项

（1）注意参观过程中允许看、听、问，不允许乱窜走动和指手画脚，以免造成触电事故；

（2）注意多看、多听、多问，熟悉系统工作运行情况。

5．实训思考

（1）消火栓灭火系统控制方式有哪几种？分别是如何控制的？

（2）自喷水灭火系统中干式喷水灭火系统与湿式喷水灭火系统区别是什么？说明其工作流程。

（3）辅助灭火/避难指示系统包括哪些系统？

知识梳理与总结

本单元主要介绍了消防联动控制系统组成、消防联动控制动作流程、各子系统设备、分类、控制。通过本单元的学习，学生应对消防联动控制系统有一定认识，掌握其在建筑工程中的作用。

(1) 消防联动控制系统组成。

(2) 消火栓灭火系统组成及控制方式。

(3) 自喷水灭火系统组成、分类及控制流程。

(4) 防排烟系统的防排烟方式及联动控制方式。

(5) 防火分隔设施包括防火门、防火卷帘、防火阀及挡烟垂壁的概念及其联动控制。

(6) 消防应急广播和消防通信系统的分类和设置要求。

(7) 火灾照明的工作方式、设置范围及要求。

(8) 消防电梯的联动控制方式，设置场所及设置要求。

练 习 题 3

1. 选择题

(1) 以下不属于消防联动控制系统的是（　　　）。

A. 气体灭火系统　　　B. 消防通信系统　　　C. 火灾报警系统　D. 消防应急广播系统

(2) 以下不属于辅助灭火/避难指示系统的是（　　　）。

A. 防排烟系统　　　　B. 消火栓灭火系统　　C. 消防电梯　　　　D. 火灾应急照明

(3) 以下不属于消火栓灭火系统组成的是（　　　）。

A. 手动报警按钮　　　　　　　　　　　B. 消防给水设备

C. 消火栓按钮　　　　　　　　　　　　D. 高位水箱

(4) 消火栓灭火系统的控制方法有多种，以下不属于其控制方法的是（　　　）。

A. 消火栓按钮启动控制　　　　　　　　B. 水流报警启动器控制

C. 消防泵控制柜启动控制　　　　　　　D. 探测器启动控制

(5) 自喷水灭火系统有多种类型，以下不属于其类型的是（　　　）。

A. 湿式喷水灭火系统　　　　　　　　　B. 干粉灭火系统

C. 预作用喷水灭火系统　　　　　　　　D. 干式喷水灭火系统

(6) 防排烟系统主要是对烟气进行控制，有排烟和防烟两种方式，以下既不属于排烟也不属于防烟的方式为（　　　）。

A. 机械送风　　　　　　　　　　　　　B. 自然排烟

C. 机械加压送风防烟　　　　　　　　　D. 密封防烟

(7) 以下针对防排烟联动控制要求论述，错误的是（　　　）。

A. 消防控制室应能对排烟风机和正压送风机进行应急控制，即手动启动应急按钮。

B. 排烟阀动作后应启动相关的排烟风机和正压送风机，并启动相关范围内的空调风机及其他送、排风机。

C．同一排烟区内的多个排烟阀，若需同时动作时，可采用接力控制方式开启，并由最后动作的排烟阀发送动作信号。

D．设于空调通风管道上的防排烟阀，宜采用定温保护装置直接动作阀门关闭；只有必须要求在消防控制室远方关闭时，才采取远方控制。

（8）常用的防火分隔设施有多种，以下不属于防火分隔设施的是（　　）。

A．防火墙　　　　B．防火楼板　　　C．排烟阀　　　　D．挡烟垂壁

（9）以下针对消防广播扬声器的设置要求，错误的是（　　）。

A．在民用建筑里，扬声器应设置在走道和大厅等公共场所，其间距应保证从一个防火分区的任何部位到最近一个扬声器的步行距离不大于 25 m，走道末端扬声器距墙不大于 12.5 m。

B．客房设置专用扬声器时，其功率不宜小于 3.0 W。

C．火灾时，应能在消防控制室将火灾疏散层的扬声器和公共广播扩音机强制转入火灾应急广播系统。

D．设置火灾应急广播备用扩音机，其容量不应小于火灾时需同时广播的范围内火灾应急广播扬声器最大容量总和的 1.5 倍。

（10）以下可以不用设置火灾应急照明的场所是（　　）。

A．配电室　　　　B．观众厅　　　C．建筑面积在 200 m^2 的地下室　　　D．消防控制室

2．思考题

（1）试述一旦发生火灾，消防联动控制的联动设备如何工作。

（2）试述消火栓灭火系统的灭火流程。

（3）干式喷水灭火系统与湿式喷水灭火系统的区别是什么？

（4）预作用喷水灭火系统的工作流程。

（5）自喷水灭火系统主要由哪些设施组成？其组成部分作用有哪些？

（6）分析自喷水灭火系统的喷淋泵运行工作原理。

（7）论述防排烟联动控制方式和控制要求。

（8）试述 70℃防火阀与 280℃防火阀作用及安装位置等方面的区别。

（9）论述消防广播控制顺序设置要求。

（10）消防通信系统分类。

（11）试述消防电梯的联动控制方式。

学习单元4
气体灭火系统工作原理与安装调试

教学导航

学习单元		4.1 气体灭火系统基础	学时	4
		4.2 气体灭火系统安装、调试与维护		
教学目标	知识方面	熟悉气体灭火系统的工作原理、组成部件，了解系统分类和应用场合		
	技能方面	能够正确完成气体灭火系统的安装、使用、调试和日常维护工作		
过程设计		任务布置及知识引导→分组学习、讨论和收集资料→学生编写报告，制作PPT、集中汇报→教师点评或总结		
教学方法		项目教学法		

4.1 气体灭火系统基础

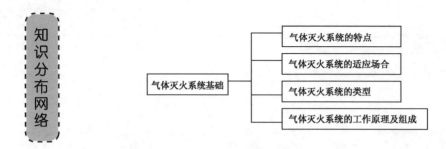

随着科技的进步和社会经济的发展，大批工业和民用建筑尤其是高层建筑不断涌现，越来越多的机房、档案馆等不能用水灭火的场所，需要使用灭火后破坏性小的介质进行保护，气体灭火系统以其固有的特性，洁净、高效的灭火手段逐步得到了大家的认可。

4.1.1 气体灭火系统的特点

气体灭火系统是以某些在常温、常压下呈现气态的物质作为灭火介质，通过这些气体在整个防护区内或者保护对象周围的局部区域建立起灭火浓度实现灭火。相对于传统的水灭火系统，气体灭火系统具有以下明显的优点。

（1）灭火效率高：气体灭火系统启动后，达到灭火浓度的气体灭火剂将充满整个空间，对房间内各处的立体火均有很好的灭火作用，使得气体灭火系统的灭火效率高；

（2）灭火速度快：气体灭火系统多为自动控制，探测、启动及时，对火的抑制速度快，可以快速将火灾控制在初期。几秒到几分钟就可以将火扑灭；

（3）适应范围广：气体灭火系统可以有效地扑救固体火灾、液体火灾、气体火灾，也可以用其扑救电气设备火灾。因此，具有较宽的灭火范围；

（4）对被保护物不造成二次污损：气体灭火剂是一种清洁灭火剂，灭火后灭火剂很快会挥发，对保护对象无任何污损，不存在二次污染。例如，计算机和其他电气设备房内的设备在灭火后可继续运行。

但是气体灭火系统也存在以下缺点。

（1）系统的一次投资较大；

（2）对大气环境的影响：气体灭火系统对环境有较大的影响，会破坏大气臭氧层，而且会产生温室效应。特别是卤代烃灭火剂对大气臭氧层的破坏作用非常显著。为此，各种卤代烃的替代灭火剂的研究工作正在积极开展，并取得了较大成果；

（3）不能扑灭固体物质深位火灾：由于气体灭火系统的冷却效果较差，灭火浓度维持时间短，因此不能扑灭固体物质深位火灾；

（4）被保护对象限制条件多：气体灭火系统的灭火成败，不仅取决于气体灭火系统本身，防护区或保护对象能否满足要求也起到关键作用。因此，气体灭火系统的防护区或保护对象要符合规定的要求。

4.1.2　气体灭火系统的适应范围

由于气体灭火剂本身的性质，有些火灾用气体灭火剂扑救较为理想，而对有些火灾效果差，甚至无效。适宜用气体灭火系统扑救的火灾有：

（1）电气火灾；

（2）固体表面火灾及棉毛、织物、纸张等部分固体深位火灾；

（3）液体火灾或石蜡、沥青等可熔化的固体火灾；

（4）灭火前能切断气源的气体火灾。

不适宜用气体灭火系统扑灭的火灾有：

（1）硝化纤维、硝酸钠等氧化剂或含氧化剂的化学制品火灾；

（2）钾、钠、镁、钛、锆、铀等活泼金属火灾；

（3）氢化钾、氢化钠等金属氢化物火灾；

（4）过氧化氢、联胺等能自行分解的化学物质火灾；

（5）可燃固体物质的深位火灾；

（6）热气溶胶预制灭火系统不应设置在人员密集场所、有爆炸危险性的场所及有超净要求的场所；K 型和其他型热气溶胶预制灭火系统不得用于电子计算机房、通信机房等场所。

气体灭火系统应用于特定的范围，是一种较为理想的自动灭火系统，常用的具体场所如下。

（1）重要场所：由于气体灭火系统本身造价较高，因此一般应用于政治、经济、军事、文化及关系众多人员生命的重要场合。

（2）怕水污损的场所，如重要的通信机房、调度指挥控制中心、图书档案室等。

（3）甲、乙、丙类液体和可燃气体储藏室或具有这些危险物的工作场所。

（4）电气设备场所：安装有发电机、变压器、油浸开关等场所，用气体灭火系统灭火时或灭火后不影响这些设备的正常运行。

4.1.3　气体灭火系统的类型

为满足各种保护对象的需求，气体灭火系统具有多种应用形式，以便充分发挥其灭火作用，最大限度地降低火灾损失。

1. 按灭火剂的种类分类

气体灭火剂在常温常压下处于气态，正是利用了气体灭火剂的这一特点，既可通过在空间建立灭火浓度实施灭火，又可利用其易挥发不污染被保护对象的特点。气体灭火系统作为最干净、有效的灭火手段，自 20 世纪 50 年代问世以来，一直受到消防界的青睐。

二氧化碳、卤代烃等气体灭火系统均曾大量地在大型计算机房等贵重设备房中使用。目前，气体灭火剂种类主要有卤代烷灭火剂、二氧化碳灭火剂和 IG-541 灭火剂。由于卤代烷灭火剂对大气的影响，近年来各国又相继推出更为新型的气体灭火系统，如气溶胶灭火系统、细水雾和 SDE 气体灭火系统。在这些系统的开发研制过程中，更加注重灭火剂对人员及对环保的影响。

1）卤代烷灭火剂

烷烃分子中的部分或者全部氢原子被卤素原子取代得到的一类有机化合物总称为卤代烷。一些低级烷烃的卤代物具有不同程度的灭火作用，称为卤代烷灭火剂，也就是常说的哈龙灭火剂。其灭火机理属于化学灭火的范畴，通过灭火剂的热分解产生含氟的自由基，与燃烧反应过程中产生支链反应的 H^+、OH^-、O^- 活性自由基发生气相作用，从而抑制燃烧过程中的化学反应来实施灭火。

由于其卤代烷毒性、腐蚀性、稳定性、灭火能力及经济性的影响，自 20 世纪 50 年代以来，卤代烷 1301 和卤代烷 1211 是应用最广泛的卤代烷灭火剂。但是这两种卤代烷灭火剂中的溴原子会对大气臭氧层造成破坏，根据《蒙特利尔议定书》等国际公约，我国已在 2010 年以前停止生产该类卤代烷灭火剂。

作为卤代烷 1301 和卤代烷 1211 灭火系统的替代物，七氟丙烷（FM-200）是一种新型高效的卤代烷灭火剂。七氟丙烷灭火剂对臭氧层的耗损潜能值（ODP）为 0，符合《蒙特利尔议定书》的要求。七氟丙烷灭火剂是一种无色无味的气体，不导电、不含水，灭火后无残留痕迹，不会对电设备、磁带、资料等造成损害，它所需的灭火浓度低，最小设计浓度为 6.2%，钢瓶使用量少，占地空间小。但需注意的是，在灭火现场的高温下，会产生大量的氟化氢（HF）气体，经与气态水结合，形成氢氟酸（白雾状），氢氟酸是一种腐蚀性很强的酸，对皮肤、皮革、纸张、玻璃、精密仪器有强烈的酸蚀作用。故设计时要求将七氟丙烷的喷放时间定为不大于 10 s，尽量缩短灭火时间。

七氟丙烷气体灭火系统按气体灭火剂输送压力的来源可分为内储压式灭火系统和外储压式（又称备压式）灭火系统。内储压式灭火系统是将七氟丙烷灭火剂和作为推动剂的高压氮气储存于一个钢瓶内。通常储瓶的压力有 2.5 MPa、4.2 MPa 和 5.6 MPa 3 种规格。外储压式（又称备压式）灭火系统是将灭火剂和作为推动剂的高压氮气分别储存于不同的钢瓶内。只有在需要灭火剂喷放时，氮气才通过减压阀（或减压孔板）进入灭火剂储存钢瓶推动灭火剂喷放。

2）二氧化碳灭火剂

二氧化碳在常温下无色、无味，是一种不燃烧、不助燃、不导电的气体，是应用较广的灭火剂之一。根据储存压力的不同，二氧化碳灭火系统可分为高压二氧化碳气体灭火系统（储存压力为 5.17 MPa）、低压二氧化碳气体灭火系统（储存压力为 2.07 MPa）。其灭火机理为气体二氧化碳在高压或低温下被液化，喷放时，气体体积急剧膨胀；同时吸收大量的热，可降低灭火现场或保护区内的温度，并通过高浓度的二氧化碳气体，稀释被保护空间的氧气，达到窒息灭火的效果，灭火效果稍差于卤代烷灭火剂。最适宜于扑救忌水物质可能发展成深位火灾的火灾；在气体灭火系统中，它最适于扑救局部应用方式的火灾。由于二氧化碳容易被液化，易罐装和储存；同时其价格较为便宜，灭火时，不污染火场环境，对保护区内的被保护物不产生腐蚀和破坏作用，它可以扑救 A、B、C 类火灾，在高浓度下还能扑救固态深位火灾。

值得注意的是，二氧化碳在低浓度时，不会对人体产生任何反应，但当空气中的体积浓度超过 2%时，会使人产生不愉快感，随着浓度增加，人体血液中二氧化碳的分压上升，刺激呼吸中枢。当浓度达到 10%时，一分钟内人体失去知觉，长时间接触会死亡。当浓度达到

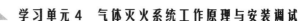

20%时，会使人的中枢神经麻痹，短时间死亡。另外，二氧化碳灭火系统在释放过程中由于有固态二氧化碳（干冰）存在，会使防护区的温度急剧下降，可能会对精密仪器设备有一定影响；二氧化碳灭火系统对释放管路和喷嘴造型有严格的要求；如果设计、施工不合理，在释放过程中会产生大量干冰阻塞管道或喷嘴造成事故。且灭火需要浓度过高，在大气中存活寿命较长，对全球温室效应会有较大影响，美、英等国已将其列入受控使用计划之列，不宜作为卤代烷灭火剂的长期替代物考虑。

3）IG-541 灭火剂

IG-541 灭火剂是由 52%氮气、40%氩气和 8%二氧化碳混合而成的灭火气体，是一种无毒、无色、无味、不导电的混合惰性气体。其灭火机理为纯物理灭火方式，是靠释放后将保护区的氧气浓度降低到 12.5%，并把 CO_2 的浓度提高到 4%，而氧气浓度降低到 15%以下时，大多数普通可燃物可停止燃烧。IG-541 的成分全部来自大气，既不会消耗臭氧层物质，也不会引起地球的"温室效应"，又不会产生长久影响大气寿命的化学物质，故被称为洁净气体。从环保角度看，它是最好的灭火剂之一。该类系统最早由美国 ANSUL 公司开发，商业名称为"烟烙尽"灭火系统，是一种较理想的卤代烷 1301 和卤代烷 1211 灭火系统的替代系统。

因 IG-541 属气体单相灭火剂，不能作为局部喷射使用，不能以灭火器方式使用，灭火剂用量较大，与其他气体灭火系统相比需要更多的储存钢瓶和更粗的喷放管道。故工程造价约是高压 CO_2 灭火系统的 1 倍多，经济性太差。IG-541 灭火剂只适用于全淹没系统。

4）气溶胶灭火剂

气溶胶灭火剂由氧化剂、还原剂、燃烧速度控制剂和黏合剂组成。而通常所说的气溶胶，则是指以空气为分散介质，以固态或液态的微粒为分散质的胶体体系。气溶胶主要分为热气溶胶和冷气溶胶，其中热气溶胶主要包括：K 型气溶胶——发生剂采用 KNO 作为主氧化剂，含量达到 30%以上；S 型气溶胶——发生剂采用 Sr（NO₂）作为主氧化剂，以 KNO 作为辅氧化剂，Sr（NO₃）含量达到 35%～50%，KNO 含量达到 10%～20%；冷气溶胶——干粉灭火剂。

气溶胶灭火系统的发展主要经历了第一代气溶胶灭火系统（烟雾灭火技术）、第二代气溶胶灭火系统（K 型气溶胶灭火技术）、第三代气溶胶灭火系统（S 型气溶胶灭火技术）的发展。

（1）K 型气溶胶灭火技术：第二代气溶胶灭火系统（K 型气溶胶灭火技术），其特点为灭火效率较高，造价很低，设置灵活。但也存在安全性和腐蚀性的问题，根源是由主氧化剂钾盐造成的，其喷发后主要固体颗粒是 K_2CO_3、$KHCO_3$、K20 3 种物质，均是极易吸湿或溶于水的物质，均与水能生成强碱性溶液，对精密仪器设备、文物、档案造成二次伤害。

（2）S 型气溶胶灭火技术：第三代气溶胶灭火系统（S 型气溶胶灭火技术），也称锶盐类气溶胶灭火技术，其核心是在固体灭火气溶胶发生剂配方采用了以硝酸锶为主氧化剂，硝酸钾作为辅氧化剂的新型复合氧化剂。其特点为：①硝酸钾作为辅氧化剂保证较高的灭火效率和喷放速度；②主氧化剂分解产物为 SrO、Sr（OH）₂、$SrCO_3$，避免了二次伤害；③灭火气体中固体颗粒含量微小（2%），粒径小（1μm），不易沉降，更接近于洁净灭火剂。

气溶胶灭火剂在使用前呈固体状态，使用时，感温、感烟探测器会自动接通点火装置，点燃气溶胶药剂，并很快产生大量烟雾（气溶胶），迅速弥漫整个防护区。气溶胶产生的固体微粒主要是金属氧化物及碳酸盐等，当遇到火焰时，会产生一系列化学反应，这些反应都是强烈的吸热反应，可大量吸收燃烧时产生的热量；同时，燃烧会使气溶胶的金属离子与燃烧物中的自由基产生链式反应，大量消耗这些活性基，同时产生 N_2、CO_2 等惰性气体，从而中断燃烧链，达到灭火的目的。另外，气溶胶胶体的扩散速度较气体灭火剂要慢得多，且热胶体喷放后存在向上扩散的趋势，不利于均匀分布。所以，防护区的面积及体积应比无管网卤代烷自动灭火系统设置要求应更严格，不宜用于大空间场所。建议在变配电间、发电机房、电缆夹层、电缆井、电缆沟等无人、相对封闭、空间较小的独立分区场所使用。

5）细水雾灭火剂

细水雾灭火剂是使用经过特殊加工的喷嘴，通过水与不同雾化介质产生的水微粒。其灭火机理为由于细水雾表面积相对较大，吸收热量快，迅速汽化，大量的汽化潜热会降低气相燃料及氧化剂的温度，大量水蒸气的存在也会降低反应区的氧气及可燃气体的浓度，从而达到物理作用灭火的目的。细水雾灭火系统有单流体系统（高压、中压和低压）和双流体系统两个基本类型。细水雾灭火系统的类型不同，安装和更新水雾系统工程量的大小也不同。单流体系统包括配水管网、储水罐、驱动泵等，泵的驱动还需要充足的电力，双流体系统需要盛装压缩气体的压力容器。

6）SDE 灭火剂

SDE 灭火剂及其灭火系统是由国内民营企业昆山宁华阻燃化学材料有限公司自行研发、生产的哈龙替代产品，根据上海华东理工大学分析测试中心和北京工业大学分析测试中心对 SDE 产物的定性、定量分析，其产物组成为 CO_2（占 35%）、N_2（占 25%）、气态水（占 39%）、雾化金属氧化物（Cr_2O）占 1%。SDE 不会因为环境的温度、湿度的变化而发生误喷放，具有可靠的安全性。

综上所述，工程上比较常用的气体灭火剂为七氯丙烷、二氧化氮和 IG-541，所以后面的具体灭火系统的介绍以这 3 种为主。

2. 按灭火方式分类

1）全淹没气体灭火系统

全淹没气体灭火系统是指在规定的时间内，向防护区喷放设计规定用量的灭火剂，并使其均匀地充满整个防护区的灭火系统，如图 4-1 所示。

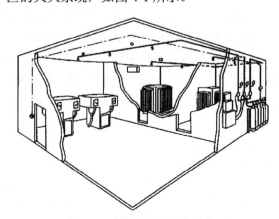

图 4-1　全淹没气体灭火系统

2）局部应用气体灭火系统

局部应用气体灭火系统是指喷头均匀布置在保护对象的周围，将灭火剂直接而集中地喷射到燃烧着的物体上，使其笼罩整个保护物外表面，在燃烧物周围局部范围内达到较高的灭火剂气体浓度的系统形式，如图4-2所示。

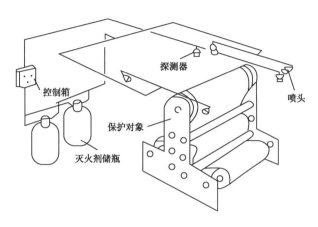

图4-2　局部应用气体灭火系统

3）手持软管系统

手持软管系统仅有二氧化碳一种形式，由盘管轮或架、软管、喷嘴等组成，并通过固定管路连接到二氧化碳供给源，如图4-3所示。

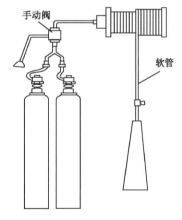

图4-3　手持软管二氧化碳灭火系统

3．按系统结构特点分类

1）组合分配灭火系统

对于几个不会同时着火的相邻防护区或保护对象，使用一组灭火剂储存装置保护多个防护区的灭火系统，称为组合分配灭火系统。在灭火剂总管上可以分出多个干管支路，并分别设置选择阀，可按照灭火需要，将灭火剂输送到着火区域。组合分配灭火系统图及原理图分别如图4-4和图4-5所示。组合分配灭火系统的储存量应按照最大防护区的储存量确定，当防护区的数量超过规定数量或者对系统有特殊要求时，应设置备用量。备用量不应小于系统

设计的储存量，一般按照 100%的主用量计算。但要注意，组合分配灭火系统具有同时保护但不能同时灭火的特点。

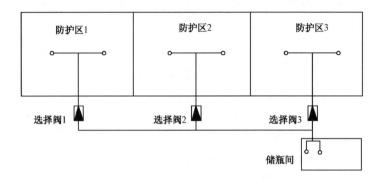

图 4-4　组合分配灭火系统示意图

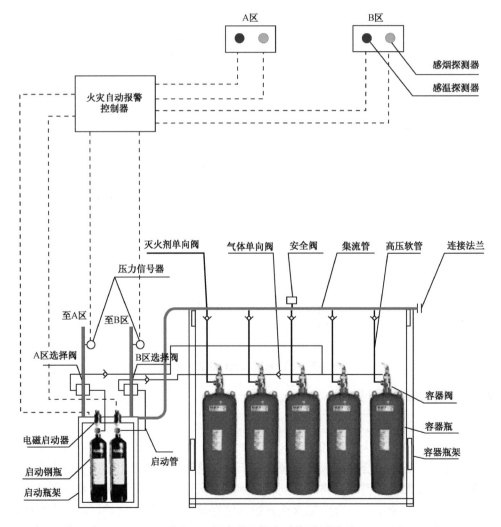

图 4-5　组合分配灭火系统原理图

2）单元独立灭火系统

只保护一个防护区或保护对象的灭火系统称为单元独立灭火系统。单元独立系统不用设置选择阀，集流管与灭火剂输送管道直接相连。采用单元独立灭火系统可提高其安全可靠性能，但投资较大。

单元独立灭火系统示意图及原理图分别如图4-6和图4-7所示。

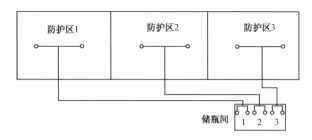

图 4-6　单元独立灭火系统示意图

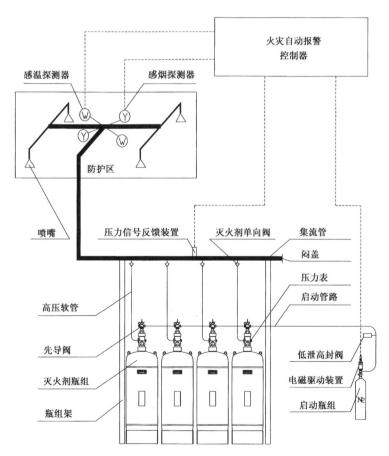

图 4-7　单元独立灭火系统原理图

3）无管网灭火系统

管网灭火系统是指按照一定的应用条件进行计算，将灭火剂从储存装置经由干管支管输送至实施喷放的灭火系统。组合分配灭火系统和单元独立灭火系统都属于该系统。将灭火剂储存容器、控制和释放部件等组合装配在一起的小型、轻便的灭火系统，无管网连接或仅有一段短管，称为无管网灭火系统，如图 4-8 所示。这种灭火系统多放置在防护区内，也可放置在防护区的墙外，通过短管将喷头伸进防护区。

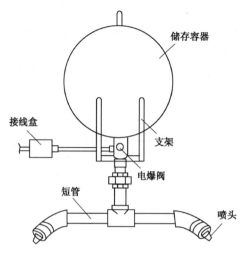

图 4-8　无管网灭火系统

4.1.4　气体灭火系统的工作原理和组成

1．气体灭火系统的工作原理

防护区一旦发生火灾，火灾探测器首先报警，消防控制中心接到火灾信号后，启动联动装置（关闭开口、停止空调等），延时约 30 s 后，打开启动气瓶的瓶头阀，利用气瓶中的高压氮气将灭火剂储存容器上的容器阀打开，灭火剂经管道输送到喷头喷出实施灭火。这中间的延时是考虑防护区内人员的疏散。另外，通过压力开关检测系统是否正常工作，若启动指令发出，而压力开关的信号迟迟不返回，说明系统故障，值班人员听到事故报警，应尽快到储瓶间，手动开启储存容器上的容器阀，实施人工启动灭火。气体灭火系统的灭火过程图如图 4-9 所示。

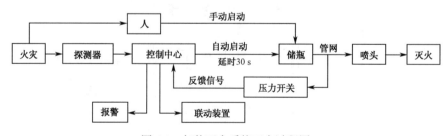

图 4-9　气体灭火系统灭火过程图

2．气体灭火系统的组成

气体灭火系统由灭火剂储存装置、启动分配装置、输送释放装置、监控装置等组成，如图 4-10 所示。

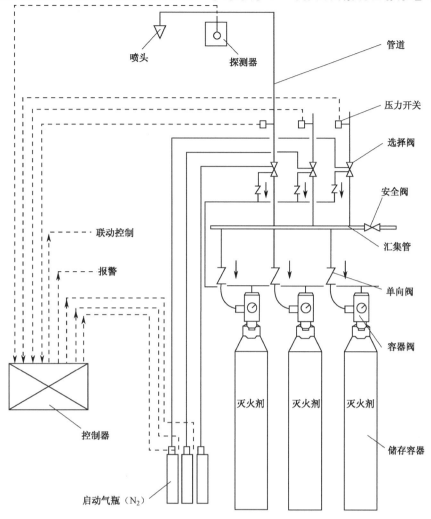

图 4-10　气体灭火系统组成示意图

（1）气体灭火系统的灭火剂储存装置包括灭火剂储存容器、容器阀、单向阀、汇集管、连接软管及支架等，如表 4-1 所示。通常是将其组合在一起，放置在靠近防护区的专用储瓶间内。储存装置既要储存足够量的灭火剂，又要保证在起火时能及时开启释放出灭火剂。

表 4-1　气体灭火系统的灭火剂储存装置组成

灭火剂储存装置	作用	分类	常见设备
储存容器	既要储存灭火剂，又是系统工作的动力源，为系统正常工作提供足够的压力	根据不同灭火剂种类、压力和充装量等要求分类	

灭火剂储存装置	作用	分类	常见设备
容器阀	平时用来封存灭火剂，火灾时手动或自动开启释放灭火剂	电动型、启动型、机械型和电引爆型	夹子 销键轴 杠杆 螺塞 活塞 垫片 杠杆轴 杠杆 带弹簧的活门 出口接头 密封垫 装配好的引水器 阀体 电引爆型
单向阀	控制介质流向，用于组合分配系统		
汇集管	将若干储瓶同时开启释放出的灭火剂汇集起来，然后通过分配管道至保护空间		
连接软管	减缓释放灭火剂时对管网系统的冲击力	根据压力不同分类	

（2）气体灭火系统的启动分配装置由启动气瓶、选择阀和启动气体管路组成，如表 4-2 所示。

表 4-2　气体灭火系统的启动分配装置组成

启动分配装置	作用	分类	常见设备
启动气瓶	用于打开灭火剂储存容器上的容器阀及相应的选择阀	用于组合分配系统和储存容器较多的单元独立系统	

续表

启动分配装置	作用	分类	常见设备
选择阀	相当于一个长闭的二位二通阀，平时处于关闭状态，系统启动时，能够将灭火剂输送到需要灭火的防护区	根据启动方式分气动式和电动式。无论气动式还是电动式选择阀，均设有手动操作机构	
启动气体管路	启动时，连接各启动瓶的连接元件	根据加工方式分为拉制铜管和挤制铜管	

（3）气体灭火系统的输送释放装置主要由喷头和管路组成，如表 4-3 所示。

表 4-3　气体灭火系统的输送释放装置组成

输送释放装置	作用	分类	常见设备
喷头	保证灭火剂以特定的射流形式喷出，促使灭火剂迅速汽化，并在保护空间内达到灭火浓度	卤代烷灭火系统喷头有裂缝型、管口型和雾化型等种类	孔口　导流板　孔口　导流板　裂缝 （a）侧流管口型　（b）分流管口型　（c）裂缝型喷嘴
		根据防护空间布置形式分为二氧化碳全淹没和局部应用喷头	（a）全淹没喷头　（b）局部应用喷头
管路	启动时，连接各启动瓶的连接元件	无缝管、加厚管和管道连接件	

（4）气体灭火系统的监控装置就是在防护区配置火灾自动报警系统。通过其探测火灾并监控气体灭火系统的启动，实现其自动启动、自动监控。火灾自动报警系统可以单独设置，也可以利用建筑物的火灾自动报警系统集中控制。

4.2 气体灭火系统的安装、调试与维护

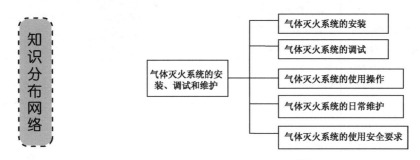

气体灭火剂由于具有较高的灭火效率、灭火时间短、电绝缘性高、清洁无污渍等优异性能，配电设备、发电机组、计算机室、通信机房等工业和民用建筑中得以越来越广泛的使用。为实现一套气体灭火系统在火灾时安全可靠，除了科学、合理的设计之外，气体灭火系统的正确安装、调试和日常使用、维护的知识和技能的掌握也十分必要的。

4.2.1 气体灭火系统的安装

气体灭火系统安装施工前应具备并充分了解以下技术资料：

（1）灭火系统设计施工图；

（2）系统设计说明书；

（3）产品使用手册。

在了解前面技术资料的基础上，根据气体灭火系统的组成分别来进行各部件安装。施工安装前，需要先对气体灭火系统的各部件进行以下检查：

（1）灭火剂储存容器、容器阀、选择阀、液体单向阀、喷头和阀驱（启）动装置等系统组件进行外观检查，并符合相关规定；

（2）储存容器内灭火剂充装量不应小于设计充装量，且不得超过设计量的 1.5%，卤代烷灭火系统储存容器内的实际压力不应低于相应温度下的储存压力，且不应超过该储存压力的 5%。

1．灭火剂储存装置的安装

（1）灭火剂储存装置的安装位置应符合设计文件的要求。储存装置的布置及要求便于检查、实验、补充和维护，并确保尽量减少中断保护的时间，储存容器可单排布置，也可双排布置，如图 4-11 所示，具体可根据储存容器数量和储瓶的面积大小确定。同一防护区的灭火剂储存容器，其尺寸大小、灭火剂充装量和压力应相同，以便相互替换和维护管理。图 4-12 为双排 8 瓶组七氟丙烷瓶装图。

> ⚠️ **注意：** 双排 4 瓶组、6 瓶组与 8 瓶组安装方式相同（横梁及集流管规格不相同）。

（2）灭火剂储存装置安装后，泄压装置的泄压方向不应朝向操作面。低压二氧化碳灭火系统的安全阀应通过专用的泄压管接到室外。储存装置上的压力计、液位计、称重显示装置

的安装位置应便于人员观察，安装高度和方向应一致。

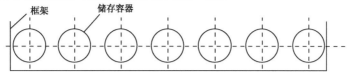

（a）储存容器单排布置示意图

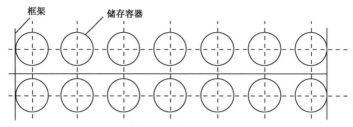

（b）储存容器双排布置示意图

图 4-11 储存容器布置示意图

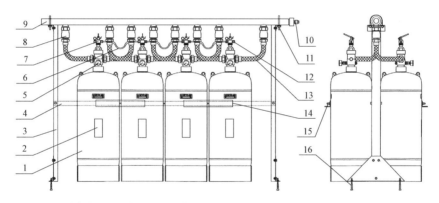

1—灭火剂瓶组；2—标贴；3—支撑架；4—横梁；5—压力表；6—启动管件；7—先导阀；
8—灭火剂单向阀；9—集流管；10—安全泄放装置；11—集流管抱箍；12—气路堵头；
13—高压软管；14—压板；15—拉杆；16—地脚螺栓（M10钢膨胀螺栓）

图 4-12 双排 8 瓶组七氟丙烷瓶装图

（3）储存容器和汇集管的支架、框架应固定牢靠，并应做防腐处理。汇集管安装前应清洗内腔并封闭进出口。

（4）储存容器和集流管外表面宜涂红色油漆，储存容器正面应标明设计规定室外灭火剂名称和储存容器的编号。

（5）连接储存容器与汇集管之间的单向阀的流量指示箭头应指向介质流动方向。各段连接软管应为钢丝编织的耐压胶管，两端装有接头组成连接软管组，如图 4-13 所示。

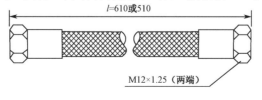

l=610或510

M12×1.25（两端）

图 4-13 连接软管

（6）系统安装前应对汇集管、选择阀、液体单向阀、高压软管和阀驱（启）动装置中的气体单向阀逐个进行水压强度试验和气压严密性试验。

（7）施工单位和人员应按照表4-4规定的内容做好施工记录。

表4-4　灭火器储存容器检查记录

工程名称				建设单位			
生产厂名				施工单位			
国家质量监督检测中心检验报告编号					检测日期		
产品出厂合格证编号					出厂日期		
瓶组编号	型号规格	充装压力/MPa			充装量/kg			检查结果
		设计	实测		设计	实测		
			环境温度/℃	压力/MPa		环境温度/℃	质量/kg	
检查结果：								
检验人员签名：								
					（检验单位盖章）　　年　　月　　日			

2．启动分配装置的安装

（1）选择阀操作手柄应布置在操作面的一侧，安装高度超过 1.7 m 时应有便于操作的措施。选择阀的永久性标志牌应固定在操作手柄附近。

（2）采用螺纹连接的操作阀，与管网连接处宜采用活接头。选择阀的流向指示箭头应指向介质流动方向。

（3）拉索式机械驱动装置的安装应符合以下规定。

拉索除必要的外露部分外，应采用经内外防腐处理的钢管防护；拉索转弯处应采用专用导向滑轮；拉索末端拉手应设在专用的保护盒内；拉索套管和保护盒应固定牢靠。

（4）安装以重力式机械驱动装置时，应保证重物在下落行程中无阻挡，其下落行程应保证驱动所需距离，且不得小于 25 mm。

（5）电子驱动装置驱动器的电气连接线应沿固定灭火剂储存容器的支、框架或墙面固定。

（6）气动驱动装置的安装应符合下列规定：驱动气瓶的支架、框架或箱体应固定牢靠，并做防腐处理；驱动气瓶上应标明驱动介质名称、对应防护区或保护对象名称或编号的永久性标志，并应便于观察。

（7）气动驱动装置的管道安装应符合下列规定。

管道布置应符合设计要求；竖直管道应在其始端和终端设防晃支架或采用管卡固定；水平管道应采用管卡固定。管卡的间距不宜大于 6 m，转弯处应增设 1 个管卡。图 4-14 为启动

瓶组装图。值得注意的是，启动瓶组上的电磁驱动装置，在调试时应从瓶头阀上卸下，调试完毕后在安装时，切记内部顶杆不要漏装，安装时先切断控制线路，在系统投入运行开通时连接控制线路。

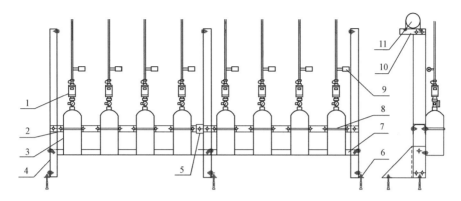

1—电磁驱动装置；2—连接挡；3—启动瓶组；4—支撑架；5—连接附件；6—地脚螺栓（M10钢膨胀螺栓）；
7—瓶组托挡；8—抱箍；9—低泄高封阀；10—分流管连接件；11—分流管

图 4-14　启动瓶组装图

（8）气动驱动装置的管道安装后应做气压严密性试验，并合格。

3. 输送释放装置的安装

（1）喷头应均匀分布，以保证防护区内灭火剂分布均匀，设置在有粉尘场所的喷头应增设不影响喷射效果的防尘罩。

（2）喷嘴一般向下安装，当封闭空间的高度较小时，可侧向安装或向上安装，如活动地板及吊顶内。喷嘴安装时，应逐个核对其孔口型号、规格和喷口方向是否符合设计要求。

（3）安装在吊顶下的不带装饰罩的喷头，其连接管管径螺纹不应露出吊顶。安装在吊顶下的带装饰罩的喷头，其装饰罩应紧贴吊顶。

（4）灭火剂输送管道连接应符合以下规定。

已经防腐处理的无缝钢管不宜采用焊接连接；与选择阀等个别连接部位需要法兰焊接时，应对被焊接损坏的镀锌层另做防腐处理。

（5）管道穿过墙壁、楼板处应安装套管。套管公称直径比管道公称直径至少应多 2 级，穿墙套管长度应与墙厚相等，穿楼板套管长度应高出地板 50 mm。管道与套管间的空隙应采用防火封堵材料填塞密实。当管道穿越建筑物的变形缝时，应设置柔性管段。

（6）管道支架、吊架应符合以下规定：

管道应固定牢靠，管道支架、吊架的最大间距应符合表 4-5 的规定；管道末端应采用防晃支架固定，支架与末端喷嘴之间的距离不应大于 500 mm；公称直径大于或等于 50 mm 的主干管道，垂直方向和水平方向至少应安装 1 个防晃支架，当穿过建筑物楼层时，每层应设 1 个防晃支架。

（7）灭火剂输送管道的外表面宜涂红色油漆。

（8）灭火剂输送管道安装完毕后，应进行强度试验和气压严密性试验，并合格。所有安装试验数据都应该按照规定表格一一记录，并作为文件档案保管。

4．监控装置的安装

（1）监控装置的安装应符合设计要求，防护区内火灾探测器的安装应符合现行国家标准《火灾自动报警系统施工及验收规范》的规定。

（2）设置在防护区处的手动、自动转换开关应安装在防护区入口便于操作的部位，安装高度为中心点距地（楼）面 1.5 m。

（3）手动启动、停止按钮应安装在防护区入口便于操作的部位，安装高度为中心点距地（楼）面 1.5 m；防护区的声光报警装置安装应符合设计要求，并应安装牢固，不得倾斜。

（4）气体喷放指示灯宜安装在防护区入口的正上方。

4.2.2　气体灭火系统的调试

气体灭火系统安装完毕投入使用前应进行调试，并保证功能符合设计要求，使系统处于准工作状态。

1．一般规定

（1）气体灭火系统的调试应在系统安装完毕，并且在相关的火警报警系统和开口自动关闭装置、通风机械和防火阀等联动设备的调试完成后进行。

（2）调试前应检查系统组件和材料的型号、规格、数量及系统安装质量，并应及时处理所发现的问题。

（3）调试项目应包括模拟启动试验、模拟喷漆试验和模拟切换操作试验，并按照规范表格调试施工过程检查记录。

（4）气体灭火系统调试前应具备完整的技术资料。调试负责人应由专业技术人员担任，所有参加调试的人员职责明确，并应按照调试程序工作，调试后提出调试记录。

2．调试要求

（1）调试时，应对所有防护区或保护对象按照《气体灭火系统施工及验收规范》E.2 的规定进行手动、自动模拟启动试验，并应合格。

（2）调试时，应对所有防护区或保护对象按照《气体灭火系统施工及验收规范》E.3 的规定进行模拟喷气试验，并应合格。

（3）设有灭火剂备用量且储存容器连接在同一汇集管上的系统应按照《气体灭火系统施工及验收规范》E.4 的规定进行模拟切换操作实验，并应合格。

4.2.3　气体灭火系统的使用操作

气体灭火系统投入运行后，全天候对防护区实施火灾监控和按需实施灭火；有 3 种控制方式：自动控制、手动控制和机械应急操作。系统在无人值班的情况下，设置在自动控制挡；在有人值班的情况下，设置在手动控制挡；当前两种控制失灵的情况下，采用机械应急操作，启动灭火系统。

1. 自动控制

采用系统保护的防护区内，设有火灾感烟和感温探测器，与火灾自动报警控制器组成自动探测、报警、控制系统，对灭火系统实施自动控制，当防护区发生火情，感烟或感温探测器探到火灾信号，报警灭火控制器即发出报警信号，当两个独立的火灾信号都接收到后，火灾自动报警控制器发出声、光报警及延时启动灭火设备的指令和联动指令，关闭防护区内应关闭时设施（如空调、风机、防火阀、门窗等），此时在防护区内的人员，在听到报警信号后，应在延时启动时间内（可调，一般设 30 s）撤离现场。延时结束，灭火系统就自动启动，实施灭火。压力信号反馈装置接到灭火剂释放的压力信号，设在防护区门外的喷放指示灯亮，并将信号反馈到消防控制中心。

在灭火系统延时启动时间内，如若发现火灾误报，或火情可以用其他手段（如手提灭火器等）扑救，不必启动灭火系统时，可以操作设在防护区门外的紧急停止按钮，中断灭火系统的启动。

2. 手动控制

手动控制是用人工实施电气控制，即在有人值班的情况下，自动报警控制器设置在手动控制挡，当接到火灾报警时，值班人员可通过视频或到防护区现场查看火情，认为需启动灭火系统时，可操作控制器上的手动控制装置，或设在防护区门外的紧急手动启动装置，立即启动灭火系统，实施灭火。在灭火系统启动的同时，联动指令同时发出，关闭防护区内应关闭的设施。

3. 机械应急操作

当自动控制和手动控制失灵或不能实施时，才采用机械应急操作，操作前通知防护区内人员撤离，并人工关闭防护区内应关闭的设施，然后实施机械应急操作。机械应急操作有以下两种方法。

（1）人工开启对应防护区的启动瓶组上的手动启动装置，即可对该防护区实施灭火。

（2）上述（1）操作失灵（启动瓶组内气压不足），人工开启对应防护区选择阀，并逐个开启该防护区所属的灭火剂瓶组的手动启动装置（先导阀上手动启动手柄）。

4. 系统的再充装和复位

对已喷放的灭火剂瓶组、启动瓶组要到制造商处进行再充装，对系统进行安装、复位、调试合格后，才可开通，投入运行。

气体灭火系统的日常操作应符合以下要求。

（1）采用气体灭火系统的防护区，应设置火灾自动报警系统，其设计应符合《火灾自动报警系统设计规范》（GB 50116）的规定，并选用灵敏度级别高的火灾探测器。

（2）管网灭火系统应设自动控制、手动控制和机械应急操作 3 种启动方式。预制灭火系统应设自动控制和手动控制两种启动方式。

（3）自动控制装置应在接到两个独立的火灾信号后才能启动。手动控制装置和手动与自动装换装置应设在防护区疏散出口的门外便于操作的地方，安装高度为中心点距地面 1.5 m。机械应急操作装置应设在储瓶间或防护区疏散出口门外便于操作的地方。

（4）气体灭火系统的操作与控制，应包括对开口封闭装置、通风机械和防火阀等设备的联动操作和控制。

（5）气体灭火系统的电源，应符合国家现行有关消防技术标准的规定；采用气动力源时，应保证系统操作和控制需要的压力和气量。

（6）组合分配系统启动时，选择阀应在容器阀开启前或同时打开。

4.2.4 气体灭火系统的日常维护

气体灭火系统投入使用时应具备下列文件，并有电子备份档案，永久储存。其中包括：①系统及其主要部件的使用、维护说明书；②系统工作流程图和操作规程；③系统维护检查记录表；④值班员守则和运行日志。

1. 常（运行）时的维护、保养

（1）保持瓶组间和控制室内清洁、干燥、通风良好。

（2）灭火设备和报警控制设备表面清洁无尘。

（3）启动瓶组上手动手柄，灭火剂瓶组上先导阀手动启动手柄的保险销，及铅封应完整无损。

（4）选择阀上手动开启手柄无损、位置正确、无松动。

（5）统牌、警示牌，无损、清洁可视。

2. 月季度维护、保养

（1）检查启动瓶组压力，压力表示值应在绿区内。

（2）逐个对灭火剂瓶组进行压力检测，压力表示值应在绿区内。

（3）逐个对灭火剂瓶组和启动瓶组进行检查，瓶体表面应无严重腐蚀、裂纹、变形（凸瘤等），如有上述问题，应及时更换并释放瓶内气体。

3. 年度维护、保养

（1）对灭火设备进行全面检查：瓶组架稳固，各部件连接可靠、无松动，并全面做好清洁工作。

（2）对系统进行报警和启动模拟试验，火灾探测、报警、灭火控制按其产品说明书进行；灭火设备检查电磁驱动装置（脱离被启动瓶组），经自动、手动（包括紧急启动、紧急停止试验），应动作正常；延时、现场声光报警等应正常。

（3）对压力信号反馈装置进行检查，卸下该装置，人工推动活塞（模拟灭火剂喷放受压），喷放指示灯应亮，信号应正常反馈，并能自动复位。

（4）对灭火剂输送管网及其附件进行检查，连接可靠、安装稳固，表面无严重锈蚀，并全面做好清洁工作；

（5）检查喷嘴，不应堵塞，并做好清洁工作。

4.2.5 气体灭火系统的使用安全要求

为了保障人员在火灾发生或平时工作的安全，气体灭火系统应符合以下安全要求。

（1）防护区应有保证人员在 30 s 疏散完毕的通道和出口。

（2）防护区的疏散通道及出口，应设置应急照明与疏散指示标志。防护区内应设火灾声报警器，必要时可增设闪光报警器。防护区的入口应设火灾声、光报警器和灭火剂喷放指示灯，以及防护区采用的相应气体灭火系统的永久性标志牌。灭火剂喷放指示灯信号，应保持到防护区通风换气后，以手动方式解除。

（3）防护区的门应向疏散方向开启，并能自行关闭；用于疏散的门必须能从防护区内打开。

（4）灭火后的防护区应通风换气，地下防护区和无窗或设固定窗扇的地上防护区，应设置机械排风装置，排风口宜设在防护区的下部并应直通室外。通信机房、电子计算机房等场所的通风换气次数应不小于每小时 5 次。

（5）经过有爆炸危险和变电、配电场所的管网，以及设有在以上插锁的金属箱体等，应设防静电接地。

（6）防护区内设置的预定灭火系统的充压压力不应大于 2.5 MPa。

（7）灭火系统的手动控制与应急操作按钮应有防止误操作的警示显示和措施。

（8）设有气体灭火系统的场所，宜配置空气呼吸器。

实训 4　气体灭火系统认识

1. 实训目的

（1）通过本实训的讲解，认识气体灭火系统，了解气体灭火系统的分类、组成、适用场合，掌握系统工作原理。

（2）通过本实训的讲解，认识气体灭火系统的安装、调试、验收、日常使用操作和维护工作，掌握各类气体灭火系统的使用操作。

2. 实训器材

（1）七氟丙烷气体自动灭火系统的整套装置。

（2）高、低二氧化碳气体灭火系统的整套装置。

（3）IG-541 气体洁净灭火系统的整套装置。

3. 实训步骤

1）准备工作

进行"安全、规范、严格、有序"教育为主的实训动员，明确任务和要求。

2）七氟丙烷气体自动灭火系统

（1）介绍七氟丙烷气体自动灭火系统组成，让学生直观认识七氟丙烷气体自动灭火系统各组成部分。

（2）启动七氟丙烷气体自动灭火系统，分别演示管网灭火装置组合分配系统和柜式灭火系统的工作过程。通过感性认识理解七氟丙烷气体自动灭火系统是如何工作的。

3）二氧化碳气体灭火系统

（1）介绍二氧化碳气体灭火系统组成；直观认识二氧化碳气体灭火系统各组成部件和高

低压二氧化碳系统的差异。

（2）认识联动控制系统设备；直观认识二氧化碳气体灭火系统安装各设备的布置。

（3）启动二氧化碳气体灭火系统，演示系统工作过程；通过感性认识理解二氧化碳气体灭火系统的工作过程。

（4）具体介绍二氧化碳气体灭火系统的使用；通过演示操作让学生对二氧化碳气体灭火系统的灭火原理和效果有感性认识。

4）IG-541 洁净气体灭火系统

（1）介绍 IG-541 洁净气体灭火系统组成；让学生直观认识 IG-541 洁净气体灭火系统的各组成部分。

（2）启动 IG-541 洁净气体灭火系统，演示工作过程；通过感性认识理解 IG-541 洁净气体灭火系统工作过程。

4. 注意事项

（1）注意参观过程中允许看、听、问，不允许乱窜走动和指手画脚，因灭火剂有一定毒性，以免造成中毒或触电事故；

（2）注意多看、多听、多问，熟悉系统工作运行情况。

5. 实训思考

（1）绘制实训中 IG-541 洁净气体灭火系统单元独立系统原理图；

（2）绘制实训中二氧化碳气体灭火系统单元独立系统原理图。

实训 5 气体灭火系统安装接线

1. 实训目的

（1）认识各类气体灭火系统的组成装置设备和系统原理图；

（2）掌握气体灭火系统施工图、系统图、通用组件和专用组件图识读；

（3）掌握气体灭火系统平面图、动作程序图和电气控制原理图的识读，并能够根据图纸正确接线。

2. 实训材料

气体灭火系统设计施工图、系统设计说明书和产品使用手册（以七氟丙烷为例）

3. 实训步骤

1）知识准备

（1）理解气体灭火系统工作原理

在识图前首先需要理解七氟丙烷气体灭火系统的工作原理，这样有助于理解施工图设计思路，从而读懂系统施工图。

（2）掌握识图基本知识

① 设计说明。设计说明主要用来阐述工程概况、设计依据、设计内容、要求及施工原

则，识图首先看设计说明，了解工程总体概况及设计依据，并了解图纸中未能表达清楚或重点关注的有关事项。

② 图形符号。在七氟丙烷气体灭火系统的施工图中，元件、设备、装置、线路及其安装方法等，都是借用图形符号、文字符号来表达的。这样，分析建筑弱电系统施工图首先要了解和熟悉常用符号的形式、内容、含义，以及它们之间的相互关系。

③ 系统图。系统图是表现七氟丙烷气体灭火系统的灭火方式、管网布置情况的图纸，从系统图可以看出工程的概况。系统图只表示建筑弱电系统中各元件的连接关系，不表示元件的具体情况、具体安装位置和具体接线方法。

④ 平面图。平面图是表示设备、装置与线路平面布置的图纸，是进行设备安装的主要依据。它反映设备的安装位置、安装方式和导线的走向及敷设方法等。

⑤ 产品使用手册。产品使用手册是介绍七氯丙烷气体灭火系统的安装、调试使用手册，可以提供气体灭火系统各组成装置的安装位置要求、调试步骤、日常操作使用和维护的说明。

2）气体灭火系统施工图实例

根据气体灭火系统施工图实例，实现七氯丙烷气体灭火系统的各组成装置的安装接线。

4．注意事项

（1）图形符号是指无外力作用下的原始状态。

（2）系统图的识读要与平面图的识读结合起来，它对于施工图识读从而指导安装施工有着重要的作用。

5．实训思考

（1）气体灭火系统安装前需提供哪些资料？

（2）七氟丙烷气体灭火设备的安装步骤。

（3）绘制实训中七氟丙烷气体灭火系统的系统控制原理图。

知识梳理与总结

本单元主要介绍了建筑气体灭火系统的基本概念、组成、工作原理、分类和常用适用场所，同时还介绍了各类气体灭火系统的安装、调试、日常使用操作与维护保养工作。通过本单元的学习，学生应对气体灭火系统有一定的认识，了解各类气体灭火剂系统的应用，掌握其在建筑工程中的作用和操作。

（1）介绍了气体灭火系统的概念和优缺点，分析了解其常用适用场所。

（2）根据灭火方式的不同，气体灭火系统可分为全淹没系统、局部应用系统、手持软管系统；根据管网布置方式的不同，气体灭火系统可分为有管网灭火系统和无管网应用系统；根据气体灭火剂的种类不同，可分为采用卤代烃、二氧化碳、IG-541气体、气溶胶等多种气体灭火系统。掌握工程上常用的3种气体灭火剂为七氟丙烷、二氧化碳和IG-541气体。熟悉这3种气体灭火系统在不同灭火方式、不同管网布置情况下的系统工作内容。

（3）介绍了气体灭火系统的工作原理，以及灭火剂储存装置、启动分配装置、输送释放装置、监控装置等各气体灭火系统的组成装置。熟悉各组成装置的安装、调试、日常操作使用与维护保养工作，以及安全要求。

练习题 4

1．选择题

（1）下列不属于气体灭火的消防系统的有（　　）。

A．卤代烃系统　　　　　　　　　　　B．二氧化碳灭火系统

C．IG-541 灭火系统　　　　　　　　　D．泡沫灭火系统

（2）下列场合不适宜采用气体灭火系统的有（　　）。

A．国家级图书馆藏书库　　　　　　　B．变配电机房

C．浙江省电力调度指挥中心控制室　　D．氢化钠仓库

（3）气体灭火 IG-541 的组成成分为（　　）。

A．52%氮气、40%氩气和 8%的二氧化碳　　B．40%氮气、52%氩气和 8%的二氧化碳

C．42%氮气、50%氩气和 8%的二氧化碳　　D．52%氮气、40%氩气和 8%的一氧化碳

（4）下列气体灭火剂属于卤代烃的有（　　）。

A．七氟丙烷　　　　B．二氧化碳　　　　C．IG-541　　　　D．SDE

（5）下列不属于气体灭火系统的优点是（　　）。

A．灭火效率高　　　　　　　　　　　B．灭火速度快

C．对被保护物无二次污损　　　　　　D．经济节约

（6）下列不属于气体灭火系统的组成装置的是（　　）。

A．灭火剂储存装置　　　　　　　　　B．启动分配装置

C．输送释放装置　　　　　　　　　　D．储气瓶气密性测试装置

（7）下列不属于气体灭火系统的管网布置形式有（　　）。

A．组合分配灭火系统　　　　　　　　B．单元独立灭火系统

C．无管网灭火系统　　　　　　　　　D．竖管系统

（8）以下气体灭火剂对大气臭氧层有破坏作用而限制使用的有（　　）。

A．二氧化碳　　　　B．七氟丙烷　　　　C．卤代烷 1211　　　　D．IG-541

（9）下列不属于气体灭火系统的安装准备工作的是（　　）。

A．灭火系统设计施工图　　　　　　　B．系统设计说明书

C．产品使用手册　　　　　　　　　　D．储存容器到货单

（10）不属于气体灭火系统日常操作控制方式的是（　　）。

A．自动控制　　　　B．手动控制　　　　C．机械应急操作　　　　D．气动控制

2．思考题

（1）简述气体灭火系统的概念，并分别阐述其优缺点及适用场合。

（2）简述气体灭火系统的不同分类依据的类型。

（3）简述目前常用的卤代烷替代灭火剂的种类、灭火机理和优缺点。

（4）简述气体灭火系统的工作原理。

（5）阐述气体灭火系统的各组成装置及其各部件安装要求。

（6）简述气体灭火系统的工作流程。

（7）简述气体灭火系统的调试的准备工作及调试过程。

（8）简述气体灭火系统的安全要求。

学习单元5

消防系统的调试、验收及维护

教学导航

学习单元		5.1 消防系统调试要求与方法	学时	4
		5.2 消防系统验收		
		5.3 消防系统维护		
教学目标	知识方面	了解消防系统的调试、验收及维护，掌握它们的基本原则、步骤或方法		
	技能方面	能够对消防系统进行调试、验收及相关维护工作，解决实际工程应用问题		
过程设计		任务布置及知识引导→分组学习、讨论和收集资料→学生编写报告，制作 PPT、集中汇报→教师点评或总结		
教学方法		项目教学法		

5.1 消防系统调试要求与方法

知识分布网络

消防系统调试要求与方法
— 消防系统调试前的准备
— 消防系统调试要求
— 消防系统工程调试步骤与方法

消防系统的调试工作，应在建筑内部装修和系统施工结束后进行。经过调试和验收，并办理竣工验收和消防许可手续，消防系统才能投入运行使用。建筑自动消防设施系统的调试是对相关施工工程及产品质量的再次检验，使其达到系统设计功能。可见，消防系统调试是系统施工过程的非常重要的一个环节。建筑消防施工人员必须掌握系统调试的方法和手段。

所谓消防系统调试，就是对已经安装完毕的各子系统，按照国家消防有关规范要求及现场实际情况需要调整相关组件和设施的参数，使其性能达到国家有关消防规范及使用的要求，以便保证火灾发生时有效发挥系统作用的工作过程。消防系统调试包括各子系统单独调试和整体调试两个阶段。

5.1.1 消防系统调试前的准备

1. 具备调试必需的相关文件

消防系统调试前应具备调试必需的相关文件。

1）消防系统调试依据文件

《建筑消防设施技术检验规程》（GB 51/280—1998）、《火灾自动报警系统施工及验收规范》（GB 50166—2007）、《自动喷水灭火系统及验收规范》（GB 50261—2005）、《气体灭火系统施工及验收规范》（GB 50263—2007）、《通风空调工程施工及验收规范》（GB 50243—1997）、《消防联动控制设备通用技术条件》（GB 16806—2006）、《火灾报警控制器通用技术条件》（GB 4717—2005）等技术标准的有关规定。

2）消防系统调试相关资料

为了保证调试开通顺利进行，开通前必须具备以下资料：火灾自动报警系统框图、设置火灾自动报警系统的建筑平面图、设备安装技术文件（包括设备安装尺寸图和设备的外部接线图）、变更设计部分的实际施工图、变更设计的证明文件、安装验收单（包括隐蔽工程检验记录的安装技术记录和包括绝缘电阻、接地电阻的测试记录安装检验记录）、设备的使用说明书、调试程序或规程、调试人员的资格审查和职责分工。

2. 按设计要求查验设备

调试前应按设计要求查验设备的规格、型号、数量、备品备件等。

从我国实际情况看，由于企业管理素质差，发货差错时有发生，特别是备品备件和技术资料不齐全，给调试工作和系统正常运行都带来了困难，甚至影响到火灾自动报警系统的可靠性。因此必须在调试前对火灾自动报警设备的规格、型号、数量和备品备件等进行查验。

3．检查系统的施工质量

对属于施工中出现的问题，应会同有关单位协商解决，并有文字记录。

这是一个交接程序，避免出现工程由于交接不清，互相扯皮，耽误工期的情况，也是下道工序对上道工序的检查，对火灾自动报警系统的可靠运行起到很好的保障作用，此条规定调试人员要检查火灾自动报警系统的安装工作。

4．按规范要求检查系统线路

应按规范要求检查系统线路，对于错线、开路、虚焊和短路等应进行处理。

避免由于外部线路故障造成设备毁坏或者不能正常运行等情况。在查线过程中一定要按厂家的说明，使用合适的工具检查线路，避免损坏底座上的元器件。

5.1.2　消防系统调试要求

调试要求除了调试前准备工作到位之外，在实际调试过程中还需按照以下要求进行。

（1）调试负责人必须由有资格的专业技术人员担任，所有参加调试的人员应职责明确，并按照调试程序进行工作。

系统的调试工作是一项专业技术非常强的工作，由于近年来国内外产品智能化方面发展调试工作特别是现场编程都需要熟悉火灾自动报警系统的专门人员才能完成。一般由生产厂的工程师（或相当于工程师水平的人员）或生产厂委托的经过训练的人员担任。其资格审查仍由公安消防监督机构按有关规定进行。

（2）火灾自动报警系统调试，应首先分别对探测器、区域报警控制器，集中报警控制器、火灾警报装置和消防控制设备等逐个进行单机通电检查，正常后方可进行系统调试，即要求系统调试分两个阶段，第一阶段为各子系统单独调试；第二阶段为系统整体调试。

按照这样的顺序第一阶段各工种分别按照自己的专业进行工作，既不浪费劳动力，也能为第二阶段顺利进行做好准备工作，第二阶段的工作主要以电气专业为主进行联动关系调试，其他专业配合。第二阶段的调试过程也是检验各子系统在第一阶段调试中所达到参数的稳定性的过程。

（3）检查火灾自动报警系统的主电源和备用电源，其容量应分别符合现行有关国家标准的要求，在备用电源连接充放电 3 次后，主电源和备用电源应能自动转换。

由于火灾自动报警系统要求电源必须非常可靠，在《火灾自动报警系统设计规范》和《火灾报警控制器》中都对主电源和备用电源的容量和自动切换做了明确要求。在调试过程中对备用电源连续充放电 3 次，主要是为保证在火灾发生且主电源断掉之后，系统仍能正常使用。

（4）调试过程中应分别用主电源和备用电源供电，检查火灾自动报警系统的各项联动和控制功能。

此要求主要是为保证出现火情时，火灾自动报警系统的联动和控制部分能可靠稳定动作，及时灭火，避免由于系统失灵酿成火灾，造成不应有的损失。

（5）应采用专用的检查仪器对探测器逐个进行试验，其动作应准确无误。

在调试过程中，应采用火灾探测器试验器向探测器施加火灾模拟信号，观察火灾报警情况。避免采用香烟或蚊香等对感烟探测器加烟，防止探测器受污染，塑料外壳变色，影响使用效果。

（6）火灾自动报警系统应在连续运行 120 h 无故障后，按规范要求填写调试报告。

考虑到元器件的早期失效和我国的实际情况，规定 5 天时间的无故障连续运行，即不影响工程验收和建筑物的使用也能充分暴露系统问题，保证系统能可靠稳定工作。

5.1.3 消防系统调试步骤与方法

消防系统调试分两个阶段，第一阶段为各子系统单独调试；第二阶段为系统整机调试。第一阶段调试先分别对探测器、手动火灾报警按钮、区域报警控制器、集中报警控制器、火灾警报装置和消防控制设备等逐个进行单机通电检查，以检查测试为主，正常后再进行第二阶段的系统整机调试。

1. 火灾自动报警系统调试

1）探测器报警功能测试

用便携式火灾探测器试验器向探测器施加火灾模拟信号，观察火灾报警情况，用手动造成探测器连线短路或断路，观察故障报警情况。在发生火灾的情况下，探测器应输出火警信号并启动探测器确认灯，火灾报警控制器能接收到火灾报警信号并发出声、光报警信号；在出现故障的情况下，探测器应输出故障信号，火灾报警控制器能在 100 s 内发出与火灾报警信号有明显区别的声、光故障信号。

2）手动火灾报警按钮测试

启动手动火灾报警按钮，按钮处应有可见光指示并输出火灾报警信号，火灾报警控制器接收到火警信号后，发出声、光报警信号。

3）声光报警器功能试验

人为设置一个火警信号，并用声级计测报警音响。声光报警器应能正常报警，音响应大于背景噪声。

4）报警控制器测试

报警控制器测试包括下面 3 方面。

（1）功能检查：火灾自动报警系统及报警控制器通电后，应按现行国家标准《火灾报警控制器》（GB 4717—2005）的有关要求对报警控制器进行下列功能检查，并应全部满足要求：火灾报警自检功能；消声、复位功能；故障报警功能；火灾优先功能；报警记忆功能及记录功能；主备电源的自动转换和备用电源的自动充电功能；备用电源的欠压和过压报警功能；产品说明的其他功能。

（2）电源容量检查：检查火灾自动报警系统的主电源和备用电源，其容量应分别符合现行有关国家标准的要求，在备用电源连续充放电 3 次后，主电源和备用电源应能自动转换。

（3）供电检查：分别用主电源和备用电源供电，检查火灾自动报警系统的各项控制功能和联动功能应符合要求。

2. 消火栓灭火系统调试

消火栓灭火系统在水压强度试验、严密性试验正常后，方可进行消防水泵的调试。

1）水压强度试验

消火栓系统在完成管道及组件的安装后，首先应进行水压强度试验。试验环境温度不宜低于 5℃，测试点应设在系统管网的最低点，并在水压强度试验前应对不参与试压的设备、仪表、阀门及附件进行隔离或拆除。对管网注水时，应将管网内的空气排净，并缓慢升压，达到试验压力后，稳压 30 分钟，要求管网无泄漏和无变形，且压力降不大于 0.05 MPa。

2）严密性试验

消火栓系统在进行完水压强度试验后应进行系统水压严密性试验。试验压力应为设计工作压力，稳压 24 h，应无泄漏。

3）消防水泵调试

（1）手动启、停调试：首先将消防泵控制装置转入到手动状态，通过消防泵控制装置的手动按钮启动主泵，用钳型电流表测量启动电流，用秒表记录水泵从启动到正常出水运行的时间，该时间不应大于 5 分钟，如果启动时间过长，应调节启动装置内的时间继电器，减少降压过程的时间。主泵运行后观察主泵控制装置上的启动信号灯是否正常，水泵运行是否平稳，水泵基础连接是否牢固，通过转速仪测量实际转速是否与水泵额定转速一致，水泵工作正常后，通过控制装置上的停止按钮停止消防泵运行。备用泵调试采用以上同样方法，并在主泵故障时需要自动投入。

（2）自动启动调试：将消防泵控制装置转入到自动状态。因为消防泵本身属于重要被控设备，所以一般需要进行两路控制，即总线制控制（通过编码模块）和多线制直接启动。所以该设备需要从这两方面进行调试。但无论是总线制还是多线制在启动时，只需要观察相应主继电器是否吸合，同时用万用表测量消防泵控制柜中相应的泵运行信号回答端子是否导通即可。

（3）双电源自动切换：测量备用电源相序是否与主电源相序相同。并要求利用备用电源切换时消防泵在 1.5 分钟内投入正常运行。

3. 自动喷水灭火系统调试

自动喷水灭火系统调试包括水源调试、水压强度试验、水压严密性试验、喷淋泵的调试、报警阀的调试、水流指示器的调试和信号阀的调试。自动喷水灭火系统在水源调试、水压试验、严密性试验正常后，方可进行喷淋泵及报警阀的调试。其中水压试验、严密性试验和喷淋泵调试如同消火栓灭火系统，只是在对系统的联动控制调试时，需要采用专用测试仪或其他方式，对火灾探测器或火灾报警系统发出水喷淋联动控制的模拟信号，火灾报警控制器发出声、光报警信号同时，检查喷淋泵是否能及时启动，自动投入运行。

1）水源调试

水源检查主要是核实消防水池的容积和核实高位水箱的容积是否符合有关规范规定，是否有保证消防蓄水量的技术措施，并核实水泵接合器的数量和供水能力是否能满足系统灭火的要求，需要通过移动式消防泵的供水试验予以验证。

2）报警阀调试

（1）湿式报警阀：打开系统试水装置后，湿式报警阀应能及时动作，经延时器延时 5～90 s 后，水力警铃应准确地发出报警信号，水流指示器应输出报警电信号，压力继电器应能接通电路报警，并启动消防水泵。

（2）干式报警阀：干式报警阀调试时，打开系统试水阀后，报警阀的启动时间、启动点压力、水流到试验装置出口所需时间，均应符合设计要求。

（3）干湿式报警阀：干湿式报警阀调试时，当把差动型报警阀上室和管网的空气压力降至供水压力的 1/8 以下时，试水装置处应能连续出水，水力警铃应发出报警信号。

3）水流指示器调试

利用万用表测量末端试水装置放水 5～90 s 内水流指示器是否发出动作信号。如不发出动作信号，则应重新调整检查水流指示器的桨叶是否打开，方向是否正确，微动开关是否连接可靠，与联动机构接触是否可靠。调试工作期间系统稳压装置应正常工作。

4）信号阀调试

用万用表检验。确定信号阀开关是否到位、顺畅，同时在信号阀处于打开状态时其电信号输出端子应为开路；当信号阀处于关闭时其电信号回答端子应为短路。

4．防排烟系统调试

防排烟系统由于分为防烟和排烟两部分，因此该系统调试分为正压送风系统和机械排烟系统两部分的调试。这两个部分的调试分别包括阀门调试和风机调试，防排烟系通过阀门和风机调试正常后，方可以进入联动控制调试。

1）阀门调试

防排烟系统阀门有排烟阀、送风阀和防火阀，排烟阀和送风阀一般情况下为关闭状态，动作时打开。调试时首先通过手动方式开关送风阀，观察其动作是否灵活，同时通过 24 V 蓄电池为其启动端子供电，观察其能否打开，并用万用表实测其电信号回答端子是否导通。而防火阀一般情况下为打开状态，当温度升高到一定值时动作，阀门关闭，调试方法如排烟和送风阀。

2）风机调试

风机的调试主要是进行风机的手动启停试验和远距离启停试验。风机包括正压送风风机和排烟风机，调试方法相同。首先在风机室启动风机，在风机达到正常转速后测量送风口风速是否正常，然后手动停止排烟风机，以上工作完成后，将控制装置投入到自动状态，准备在联动控制调试中测试远距离启停。

3）联动控制调试

在防排烟分区的感烟探测器模拟火灾信号，排烟阀（口）应及时动作，并反馈动作信号，排烟阀动作后应自动启动相关的排烟风机和正压送风风机，同时自动停运相关范围的空调系

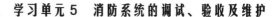

统及其他送、排风机，反馈其动作信号。

5．防火卷帘门调试

1）机械部分调试

调试防火卷帘门的机械及传动部分是否工作正常，如限位装置设置是否准确（一步降、二步降的停止位置）、动作是否灵活。手动选择装置和手动提升装置的操作是否正确无误，下放或提升帘板是否顺畅。

2）电动部分调试

防火卷帘门机械部分正常后，在设备现场用控制按钮手动控制卷帘门的上升、下降、停止等操作试验，观察其工作是否正常，下降至限位处（限位开关设置处）时是否能自动及时停运，降落到底后是否反馈落地信号，防火卷帘门能否在任意位置通过停止按钮停止。

3）自动功能调试

防火卷帘门自动控制方式分有源和无源启动两种。无源是利用短路线短接中限位和下限位的远程控制端子，有源是采用 24 V 电压（可用 24 V 电池代替）为其远程控制端子供电以启动卷帘门，然后观察卷帘门下落是否顺畅，悬停的位置是否准确。同时要用万用表实测中限位和下限位的电信号的无源回答端子观察其是否导通。

6．火灾应急广播

1）广播音响试验

在扬声器播放范围最远点，用声级计先测背景噪声声压级，再测火灾应急广播声压级，火灾应急广播声压级应高出背景噪声声压级 15 dB。

2）强行切换功能测试（火灾应急广播与广播音响合用的系统）

在消防控制室人为模拟火警状态，应能在消防控制室将火灾疏散层的扬声器和广播音响强制转换为火灾应急广播状态。

3）选层广播功能测试

在消防控制室任选 3 个相邻楼层或区域进行火灾应急广播，应能将火灾应急广播控制在选定楼层或区域内。

7．消防通信

消防通信包括消防控制室与设备间的通话试验和与电话插孔通话试验，主要是测试通话功能是否正常，语音是否清晰。

8．火灾应急照明及安全疏散指示

（1）火灾应急照明及疏散指示灯的应急转换功能测试：模拟交流电源供电故障，应顺利转换为应急电源工作，转换时间不大于 5 s。

（2）应急工作时间及充、放电功能测试：转入应急状态后，用时钟记录应急工作时间，用数字万用表测量工作电压。应急工作时间应不小于 90 分钟，灯具电池放电终止电压应不低于额定电压的80%，并有过充电、过放电保护。

（3）火灾应急照明照度测试：在应急状态下使应急照明灯打开20分钟，用照度计在通道中心线任一点及消防控制室和发生火灾后仍需工作的房间测其照度。应急疏散照明的照度应大于0.5 lx，消防控制室照度应大于150 lx，消防泵房、防排烟机房、自备发电机房的照度应相同。

9．消防电梯

消防电梯联动功能试验。电梯的电气调试需要通过对其远程端子的控制，使电梯能立即降到底层，在此期间任何呼梯命令均无效，同时当其降落到底层后，相应的电信号回答端子导通，可通过万用表实测以便确认。

10．系统整机调试

1）通电前电源检查

（1）检查220 V电源插座是否正确，有无接地，接地是否良好等；备电接线是否正确，熔断器容量是否正确。

（2）将开关电源5 V、24 V输出线与主机断开，接通主电，检查5 V、24 V是否正确，5 V值在5.1～5.2 V为好。

（3）断开主电，接上备电，检查5 V、24 V是否正确。

（4）检查主板的5 V、24 V端有无短路。如一切正常，则可接好5 V、24 V电源线至主板。

2）通电前线路检查

（1）安装探测器、模块前，按照《消防施工验收规范》进行线路验收，保证线路之间、线路与地之间的绝缘电阻大于20 MΩ；探测器及模块总线槽内无其他非消防线路。

（2）检查本消防系统地线，采用独立工作接地时，接地电阻值应小于4 Ω；采用联合接地时，接地电阻值应小于1 Ω。严禁将动力地线等作为本系统地线。

（3）确认各总线之间无短路现象。

（4）确认外供24 V电源线无短路现象。

（5）确认各组总线间、总线与电源间、总线与地线间相互无短路现象。

（6）确认系统内各探测器、模块接线是否正确，拨码是否正确。

（7）检查数显盘接线是否正确，特别要注意数显盘的总线是有极性的，不要接反。

（8）检查与区域机（集中机）的通信线接线是否正确，接触是否良好。

（9）确认系统与机箱的保护地线连接是否可靠。

3）上电登录

当完成上述检查后，即可通电进行上电登录。上电登录可自动记录各回路所连接的编码地址总数，据此可判断回路工作是否正常。上电登录在控制器每次通电时均会自动进行。

4）消防控制器编程

（1）设备定义。根据工程设计的要求和每个探测器/模块所在工程中的实际位置，在消防控制器上进行设备定义。

（2）联动关系编程。根据工程设计的要求和消防报警及灭火规范的要求确定联动关系进行编程。

（3）编程内容记录。将显示关系和联动关系的编程信息记录在案，以备系统维护。

11．系统工程调试方法

系统工程调试的方法主要有以下4种。

1）回路地址调试法

在工程调试前期主要是针对回路地址进行调试，每个回路的地址都是从1开始，逐次到这个回路的最大号。地址调试的首要任务是按照图纸安装好探测器，并编地址码，根据所编地址码对机器进行编程之后将探测器回路或控制模块回路接入对应机器（有时探测器和控制模块都接在同一回路），开机巡检，对线路故障、探测器故障、模块故障等逐一进行排除，并对探测器逐一报警试验，直至系统全部正常为止。

回路地址调试法是经常使用的方法，也是针对不同工程的调试方法，在地址调试中很有用。

2）单回路地址调试法

单回路地址调试法是指每次只接入一个回路调试的方法，单回路地址调试简单、易懂，不受其他回路影响，对于大面积（一层）须几个报警回路或施工状态不好的工程宜采用此法。

3）多回路地址调试方法

多回路地址调试法是指每次接入几个回路的调试方法，这种调试方法速度快，适合于小面积（一层）最多用一个回路或施工状态好的工程。多回路地址调试实质是多个单回路地址调试，所以逐个、逐段编码调试法也适用。

4）联动调试法

对整个系统地址调试完后，通过施工队对外围控制设备的接线，就可以通过控制柜来控制整个消防系统，联动调试就是验证联动编码地址和联动关系是否正确。

（1）手动联动调试法：手动联动调试法就是指对系统中所有联动设备逐个进行手动启动、停止动作，来检查联动、编码和接线是否正确的方法。此法是联动调试最基本的方法，是保证系统联动功能可靠的有力途径。

（2）隔层联动调试法：隔层联动调试是指每隔两层进行报警联动调试。这种方法调试速度快，但容易出错，联动调试时必须细心，只适用于塔楼隔层联动调试。

（3）逐层联动调试法：逐层联动调试是指每层都进行报警联动调试。这种方法调试速度慢，但不容易出错，适合于所有联动调试。

（4）特殊联动设备的调试：在工程调试中，有许多设备是通过特殊的联动关系来控制的。所以，必须针对每个特殊设备的联动要求来编程和调试。

12．系统工程调试注意事项

（1）对工程中不合理的系统配置应在工程调试前处理。

（2）每个回路所带点数有无超出产品要求，对于探测器接口模块比较多的回路，应考虑此回路有无过载。

（3）导线绝缘：各回路导线对地绝缘电阻不应小于 20 MΩ。调试前检查逐个单机；通电检查所有设备是否正常；检查回路导线有无短路、错路现象。

（4）火灾探测器的传输线路不宜过多采用放射状布线。

（5）对于所有联动设备，最好都使用联动控制柜控制，易于集中管理。例如，警铃模块接在控制柜回路上最为妥当，在手动状态时，不会因误报影响住户。

（6）在有排烟阀、送风阀控制的系统中应考虑电源负载及线路压降能否满足系统要求。

（7）在有集中机和区域机通信的工程中，集中机、区域机宜集中管理，同放在消防控制室，减小通信干扰。

5.2 消防系统验收

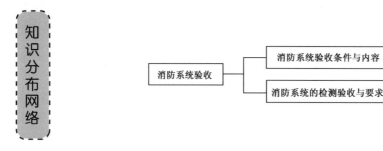

消防系统竣工验收是全面考核工程项目建设成果，检验项目决策、规划与设计、施工、管理综合水平，以及工程项目建设经验的重要环节。系统只有经过竣工验收，才能正式交付业主或物业公司使用，办理设备与系统的移交，正式投入运行使用。因此，必须根据建筑智能化系统的特点，科学合理地组织和实施系统工程的竣工验收，从事建筑消防人员必须掌握系统验收的方法。

5.2.1 消防系统验收条件与内容

消防系统竣工验收是对系统施工质量的全面检查。竣工验收应在公安消防监督机构监督下，由建设主管单位主持，设计、施工、调试等单位参加，组成验收组共同进行，联合验收，各负其责，发现问题及时协商处理。

消防工程的验收分为两个步骤：在消防工程开工之初对消防工程进行的审核审批和消防工程竣工后进行的消防验收。

1. 新建、改建、扩建及用途变更的建筑工程项目审核审批条件

建设单位应当到当地公安消防机构领取并填写《建筑消防设计防火审核申报表》；设有自动消防设施的工程，还应领取并填写《自动消防设施设计防火审核申报表》，并报送以下资料：

（1）建设单位上级或主管部门批准的工程立项、审查、批复等文件。

（2）建设单位申请报告。

（3）设计单位消防设计专篇（说明）。

（4）工程总平面图、建筑设计施工图。

（5）消防设施系统、灭火器配置设计图纸及说明。

（6）与防火设计有关的采暖通风、防排烟、防爆、变配电设计图及说明。

（7）审核中需要涉及的其他图纸资料及说明。

（8）重点工程项目申请办理基础工程提前开工的，应报送消防设计专篇、总平面布局及书面申请报告等材料。

（9）建设单位应将报送的图纸资料装订成册（规格 A4）。

2．建筑工程消防验收条件

消防系统验收前，建设单位应向公安消防监督机构提交验收申请报告，并附下列技术文件：

（1）消防系统竣工表；

（2）消防系统的竣工图；

（3）施工记录（包括隐蔽工程验收记录）；

（4）调试报告；

（5）管理、维护人员登记表。

3．消防系统验收内容

消防系统验收应包括以下装置：

（1）火灾自动报警系统装置（包括各种火灾探测器、手动报警按钮、区域报警控制器和集中报警控制器等）；

（2）灭火系统控制装置（包括室内消火栓、自动喷水、卤代烷、二氧化碳、干粉、泡沫等固定灭火系统的控制装置）；

（3）电动防火门、防火卷帘控制装置；

（4）通风空调，防烟、排烟及电动防火阀等消防控制装置；

（5）火灾事故广播、消防通信、消防电源、消防电梯和消防控制室的控制装置；

（6）火灾事故照明及疏散指示控制装置。

4．人员检查与验收复查内容

消防系统验收前，公安消防监督机构应进行操作、管理、维护人员配备情况进行检查；验收时，应进行施工质量复查，其复查应包括下列内容：

（1）火灾自动报警系统的主电源、备用电源、自动切换装置等安装位置及施工质量；

（2）火灾探测器的类别、型号、适用场所、安装高度、保护半径、保护面积和探测器的间距等；

（3）消防用电设备的动力线、控制线、接地线及火灾报警信号传输线的敷设方式；

（4）各种消防控制装置（验收一般规定中的火灾自动报警系统验收项目的验收装置）的安装位置、型号、数量、类别、功能及安装质量；

（5）火灾应急照明和疏散指示控制装置的安装位置和施工质量。

5. 消防系统交工技术保证资料

消防系统交工技术保证资料是消防系统交工检测验收中的重要部分，也是保证消防设施质量的一种有效手段，常用的有关保证资料内容包括有：

（1）消防监督部门的审核意见书；

（2）图纸会审记录；

（3）设计变更；

（4）竣工图纸；

（5）系统竣工表；

（6）主要消防设备的形式检验报告。

形式检验报告是国家或省级消防检测部门对该设备出具的产品质量、性能达到国家有关标准，准许在我国使用的技术文件。无论是国内产品还是进口产品均应通过此类的检测并获得通过后方可在工程中使用，同时省外的产品还应具备使用所在地消防部门发布的"消防产品登记备案证"。

需要上述文件的设备主要有火灾自动报警设备（包括探测器、控制器等）、室内外消火栓、各种喷头、报警阀、水流指示器、气压稳压设备、消防水泵；防火门、防火卷帘门、防火阀、水泵结合器、疏散指示灯、其他灭火设备（如二氧化碳等）。

（7）主要设备及材料的合格证。

除上述设备外，各种管材、电线、电缆等，以及难燃、不燃材料应有有关检测报告，钢材应有材质化验单等。

（8）隐蔽工程记录。

隐蔽工程记录应有施工单位、建设单位的代表签字及上述单位公章方可生效。主要隐蔽工程记录如下：①自动报警系统管路敷设隐蔽工程记录；②消防管网隐蔽工程记录（包括水系统、气体、泡沫等系统）；③消防供电、消防通信管路隐蔽工程记录；④接地装置隐蔽工程记录。

（9）系统各种设备调试测试及运行记录报告（包括火灾自动报警系统、水系统、气体、泡沫、二氧化碳等系统）。

5.2.2　消防系统的检测验收与要求

消防系统竣工验收的项目和内容应符合现行国家标准《火灾自动报警系统施工及验收规范》和有关标准。

1. 火灾探测器的抽检与检测要求

1）火灾探测器抽检

火灾探测器（包括手动报警按钮），应按下列要求进行模拟火灾响应试验和故障报警抽检：

（1）实际安装数量在 100 只以下者，抽检 10 只；

（2）实际安装数量超过 100 只，按实际安装数量 5%～10%的比例，但不少于 10 只抽检。被抽检探测器的试验均应正常。

2）探测器检测要求

（1）探测器应能输出火警信号且报警控制器所显示的位置应与该探测器安装位置相一致。

（2）探测器安装质量应符合下列要求：

① 实际安装的探测器的数量、安装位置、灵敏度等应符合设计要求；

② 探测器周围 0.5 m 内不应有遮挡物，探测器中心距墙壁、梁边的水平距离应不小于 0.5 m。

③ 探测器中心至空调送风口边缘的水平距离应不小于 0.5 m，距多孔送风顶棚孔口的水平距离不小于 0.5 m。

④ 探测器距离照明灯具的水平净距离不小于 0.2 m，感温探测器距离高温光源（碘钨灯，100 W 以上的白炽灯）的净距离不小于 0.5 m。

⑤ 探测器距离电风扇的净距离不小于 1.5 m，距离自动喷水灭火系统的喷头不小于 0.3 m。

⑥ 对防火卷帘门、电动防火闸起联动作用的探测器应安装在距离防火卷帘门、防火门 1～2 m 的适当位置。

⑦ 探测器在宽度小于 3 m 的内走道顶棚上设置时宜居中布置，感温探测器安装间距应不超过 10 m，感烟探测器的安装间距应不超过 15 m，探测器距离端墙的距离应不大于探测器安装间距的一半。

⑧ 探测器的保护半径及梁对探测器的影响应满足规范要求。

⑨ 探测器的确认灯应面向便于人员观察的主要入口方向。

⑩ 探测器倾斜安装时倾斜角不应大于 45°。

⑪ 探测器底座的外接导线应留有不小于 15 cm 的余量。

2. 报警控制器的检测验收

1）火灾报警控制器的抽检

火灾报警控制器的功能抽检要求如下：

（1）实际安装数量在 5 台以下者，全部抽检；

（2）实际安装数量在 6～10 台者，抽检 5 台；

（3）实际安装数量在 10 台以上者，按实际安装数量的 30%～50% 的比例，但不少于 5 台抽检。抽检时每个功能应重复 1～2 次，被抽检火灾报警控制器的基本功能应符合现行国家标准《火灾报警控制器》（GB 4717—2005）中的功能要求。

2）火灾报警控制器功能检测

（1）能够直接或间接地接收来自火灾探测器及其他火灾报警触发器件的火灾报警信号并发出声光报警信号，指示火灾发生的部位，并予以保持；光报警信号在火灾报警控制器复位之前应不能手动消除，声报警信号应能手动消除，但再次有火灾报警信号输入时，应能再启动。

（2）火灾报警控制器应能对其面板上的所有指示灯、显示器进行功能检查。

（3）消音、复位功能。通过消音键消音，通过复位键整机复位。

（4）火灾报警控制器内部，火灾报警控制器与火灾探测器、火灾报警控制器与火灾报警信号作用的部件间发生下述故障时，应能在 100 s 内发出与火灾报警信号有明显区别的声光故障信号。

① 火灾报警控制器与火灾探测器、手动报警按钮及起传输火灾报警信号功能的部件间连接线断线、短路应进行故障报警（短路时发出火灾报警信号除外）并指示其部位。

② 火灾报警控制器与火灾探测器或连接的其他部件间连接线的接地，能显示出现妨碍火灾报警控制器正常工作的故障并指示其部位。

③ 火灾报警控制器与位于远处的火灾显示盘间连接线的断线、短路应进行故障报警并指示其部位。

④ 火灾报警控制器的主电源欠压时应报警并指示其类型。

⑤ 给备用电源充电的充电器与备用电源之间连接线断线、短路时应报警并指示其类型。

⑥ 备用电源与其负载之间的连接线断线、短路或由备用电源单独供电时其电压不足以保证火灾报警控制器正常工作时应报警并指示其类型。

⑦（联动型）输出、输入模块连线断线、短路时应报警。

（5）消防联动控制设备在接收到火灾信号后应在 3 s 内发出联动动作信号，特殊情况需要延时，最大延时时间不应超过 10 分钟。

（6）火灾优先功能。当火警与故障报警同时发生时，火警应优先于故障警报，模拟故障报警后再模拟火灾报警，观察控制器上火警与故障报警优先。

（7）报警记忆功能。火灾报警控制器应能有显示或记录火灾报警时间的计时装置，其日计时误差不超过 30 s；仅使用打印机记录火灾报警时间时，应打印出月、日、时、分等信息。

（8）电源自动转换功能。当主电源断电时能自动转换到备用电源；当主电源恢复时，能自动转换到主电源上；主备电源工作状态应有指示，主电源应有过流保护措施。

（9）主电源容量检测。主电源应能在最大负载下连续正常工作 4 h，按照下列最大负荷计算主电源容量是否满足最大负荷容量。

火灾报警控制器最大负载是指：①火灾报警控制器容量不超过 10 个构成单独部位号的回路时，所有回路均处在报警状态；②火灾报警控制器容量超过 10 个构成单独部位号的回路时，20 回路（不少于 10 回路，但不超过 30 回路）处在报警状态。

消防联动控制器最大负载是指：①所连接的输入/输出模块的数量不超过 50 个时，所有模块均处于动作状态；②所连接的输入/输出模块的数量超过 50 个时，20%模块（但不少于50 个）均处于动作状态。

（10）备用电源容量检测。当采用蓄电池时，电池容量应可提供火灾报警控制器在监视状态下工作 8 h 后，在下述情况下正常工作 30 min 。或采用蓄电池容量测试仪测量蓄电池容量，然后计算报警器与联动控制器容量之和是否小于或等于所测蓄电池容量，以便确定是否合理。

火灾报警控制器：①火灾报警控制器容量不超过 4 回路时，处于最大负载条件下；②火灾报警控制器容量超过 4 回路时，1/15 回路（不少于 4 回路，但不超过 30 回路）处于报警状态。

消防联动控制器：①所连接的输入/输出模块的数量不超过 50 个时，所有模块均处于动作状态；②所连接的输入/输出模块的数量超过 50 个时，20%模块（但不少于 50 个）均处于动作状态。

（11）火灾报警控制器应能在额定电压（220 V）的 10%～15%范围内可靠工作，其输出

直流电压的电压稳定度（在最大负载下）和负载稳定度应不大于5%。采用稳压电源提供220 V交流标准电源，利用自耦调压器分别调出242 V和187 V两种电源电压，在这两种电源电压下分别测量控制器的5 V和24 V直流电压变化。

3）火灾报警控制器安装质量检查

（1）控制器应有保护接地且接地标志明显。

（2）控制器的主电源应为消防电源，且引入线应直接与消防电源连接，严禁使用电源插头。

（3）工作接地电阻值应小于4 Ω；当采用联合接地时接地电阻值应小于1 Ω；当采用联合接地时，应用专用接地干线由消防控制室引至接地体。专用接地干线应用铜芯绝缘导线或电缆，其芯线截面积不应小于16 mm^2。

（4）由消防控制室接地板引至各消防设备的接地线，应选用铜芯绝缘软线，其线芯截面积不应小于4 mm^2。

（5）集中报警控制器安装尺寸。其正面操作距离：当设备单列布置时，应不小于1.5 m；双列布置时，应不小于2 m。当其中一侧靠墙安装时，另一侧距墙应不小于1 m。须从后面检修时，其后面板距墙应不小于1 m，在值班人员经常工作的一面，距墙不应小于3 m。

（6）区域控制器安装尺寸。安装在墙上时，其底边距地面的高度应不小于1.5 m，且应操作方便。靠近门轴的侧面距墙应不小于0.5 m，正面操作距离应不小于1.2 m。

（7）盘、柜内配线清晰、整齐，绑扎成束，避免交叉；导线线号清晰，导线预留长度不小于20 cm。报警线路连接导线线号清晰，端子板的每个端子其接线不得超过两根。

3. 室内消火栓检测验收

1）室内消火栓的验收要求

室内消火栓的功能验收应在出水压力符合现行国家有关建筑设计防火规范的条件下进行，并应符合下列要求：

（1）工作泵、备用泵转换运行1～3次；

（2）消防控制室内操作启、停泵1～3次；

（3）消火栓操作启泵按钮，按5%～10%的比例抽检。

以上控制功能应正常，信号应正确。

2）消火栓设置的位置检测

消火栓设置位置应能满足火灾时两只消火栓同时达到起火点。检测时通过对设计图纸的核对及现场测量进行评定。

3）最不利点消火栓的充实水柱的测量

对于充实水柱的测量应在消防泵启动正常，系统内存留气体放尽后测量。在实际测量有困难时，可以采用目测，从水枪出口处算起至90%水柱穿过32 mm圆孔为止的长度。

4）消火栓静压测量

消火栓栓口的静水压力应不大于0.80 MPa，出水压力应不大于0.50 MPa。对于高位水箱设置高度应保证最不利点消火栓栓口静水压力，当建筑物高度不超过100 m时应不低于

0.07 MPa，当建筑物高度超过 100 m 时应不低于 0.15 MPa，当设有稳压和增压设施时，应符合设计要求。对于静压的测量应在消防泵未启动状态下进行。

5）消火栓手动报警按钮

消火栓手动报警按钮应在按下后启动消防泵，按钮本身应有可见光显示表明已经启动，消防控制室应显示按下的消火栓报警按钮的位置。

6）消火栓安装质量的检测

消火栓安装质量检测主要是箱体安装应牢固，暗装的消火栓箱的四周及背面与墙体之间不应有空隙，栓口的出水方向应向下或与设置消火栓的墙面相垂直，栓口中心距地面高度宜为 1.1 m。

4. 自动喷水灭火系统的检测验收

自动喷水灭火系统的抽检，应在符合现行国家标准《自动喷水灭火系统及验收规范》的条件下，抽检下列控制功能：

（1）工作泵与备用泵转换运行 1～3 次；

（2）消防控制室内操作启、停泵 1～3 次；

（3）水流指示器、闸阀关闭器及电动阀等，按实际安装数量 10%～30%的比例进行末端放水试验。

5. 湿式报警阀组的检测验收

湿式报警阀组的检测验收包括湿式报警阀、延迟器、水力警铃、压力开关、水流指示器、末端试水装置等的检测验收。

报警阀组功能：试验时，当末端试水装置放水后，在 90 s 内报警阀应及时动作，水力警铃发出报警信号，压力开关输出报警信号；压力开关（或压力开关的输出信号与水流指示器的输出信号以"与"的关系）输出信号应能自动启动消防泵。关闭报警阀时，水力警铃应停止报警，同时压力开关应停止动作；报警阀上、下压力表指示正常；延迟器最大排水时间不多于 5 分钟。

1）湿式报警阀

（1）报警阀的铭牌、规格、型号及水流方向应符合设计要求，其组件应完好无损。

（2）报警阀前后的管道中应顺利充满水。过滤器应安装在延迟器前。

（3）安装报警阀组的室内地面应有排水措施。

（4）报警阀中心至地面高度宜为 1.2 m，侧面距墙 0.5 m，正面距墙 1.2 m。

2）延迟器

（1）延迟器应安装在报警阀与压力开关之间。

（2）延迟器最大排水时间不应超过 5 分钟。

3）水力警铃

（1）末端放水后，应在 5～90 s 内发出报警声响，在距离水力警铃 3 m 处声压应不小于

70 dB。

（2）水力警铃应设在公共通道、有人的室内或值班室里。水力警铃不应发生误报警。

（3）水力警铃的启动压力不应小于 0.05 MPa。

（4）水力警铃应安装检修、测试用阀门口水力警铃应安装在报警阀附近，与报警阀连接的管道应采用镀锌钢管，当管径为 15 mm 时，长度不大于 6 m，当管径为 20 mm 时，长度不大于 20 m。

4）压力开关

（1）压力开关应安装在延迟器与水力警铃之间，安装应牢固可靠，能正确传送信号。

（2）压力开关在 5～90 s 内动作，并向控制器发出动作信号。

5）水流指示器

（1）水流指示器的安装方向应符合要求；输出的报警信号应正常。

（2）水流指示器应安装在分区配水干管上，应竖直安装在水平管道上侧，其前后直管段长度应保持 5 倍管径。

（3）水流指示器应完好，有永久性标志，信号阀安装在水流指示器前的管道上，其间距为 300 mm。

6）末端试水装置

（1）每个防火分区或楼层的最末端应设置末端试水装置，并应有排水设施。末端试水装置的组件包括试验阀、连接管、压力表和排水管。

（2）连接管和排水管的直径应不小于 25 mm。

（3）最不利点处末端试验放水阀打开，以 0.94～1.5 L/s 的流量放水，压力表读值应不小于 0.049 MPa。

6. 正压送风系统的检测验收

（1）机械加压送风机应采用消防电源，高层建筑风机应能在末端自动切换，启动后运转正常。

（2）机械加压送风机的铭牌标志应清晰，风量、风压符合设计要求。

（3）加压送风口的风速不应大于 7 m/s。

（4）加压送风口安装应牢固可靠，手动及控制室开启送风口正常，手动复位正常。

（5）机械正压送风余压值：防烟楼梯间内 40～50 Pa；前室、合用前室、消防电梯前室、封闭避难层为 25～30 Pa。

7. 机械排烟系统的检测验收

（1）排烟风机应采用消防电源，并能在末端自动切换，启动后运转正常。

（2）排烟防火阀应设在排烟风机的入口处及排烟支管上穿过防火墙处。

（3）排烟风机铭牌应清晰，其风压、风量符合设计要求，轴流风机应采用消防高温轴流风机，在 280℃ 应连续工作 30 分钟。

（4）排烟口的风速不大于 10 m/s。

（5）排烟口的安装应牢固可靠，平时关闭，并应设置手动和自动开启装置。

（6）排烟管道的保温层、隔热层必须采用不燃材料制作。

（7）排烟防火阀平时处于开启状态，手动、电动关闭时动作正常，并应向消防控制室发出排烟防火阀关闭的信号，手动能复位。

（8）排烟口应设在顶棚或靠近顶棚的墙上，且附近安全出口烟走道方向相邻边缘之间的最小水平距离不应小于 1.5 m。设在顶棚上的排烟口，距可燃物或可燃物件的距离应不小于 1 m。

8．防火门的检测验收

对防火门的检测除进行有关形式检测报告、合格证等检查外，应进行下列项目检查。

1）核对耐火等级

将实际安装的防火门的耐火等级同设计要求相对比，看是否满足设计要求。

2）检查防火门的开启方向

安装在疏散通道上的防火门开启方向应向疏散方向开启，并且关闭后应能从任何一侧手动开启；安装在疏散通道上的防火门必须有自动关闭的功能。

3）钢质防火门关闭后严密度检查

（1）门扇应与门框贴合，其搭接量不小于 10 mm；

（2）门扇与门框之间两侧缝隙不大于 4 mm；

（3）双扇门中缝不大于 4 mm；

（4）门扇底面与地面侧缝隙不大于 20 mm。

9．防火卷帘门的检测方法与安装要求

1）防火卷帘门的检测方法

（1）按照产品的合格证及形式检测报告的耐火极限进行核对。

（2）分别使用双电源的任一路做现场手动升、降、停试验。

（3）模拟火灾信号做联动试验，核对联动程序。

（4）观察消防控制室返回的信号。

（5）消防控制室强降到底功能。

（6）现场手动速放下降试验。

（7）按照断路器的脱扣值对比电动防火卷帘门工作电流值。

（8）测量秒表测量时间后换算速度；弹簧测力计测量臂力和牵引力。

（9）导轨的垂直度：从导轨的上部吊下线坠到底部，分别用钢直尺测量下部及下部垂线至导轨的距离，其差值为导轨全长的垂直度，按照上述方法每隔 1 m 测一次数据，取其最大差值为每米导轨的垂直度，以上测量应分别对导轨在帘板平面方向和垂直方向测量，测量结果取最大值。

（10）两导轨中心线的平行度测量：在两导轨上部轴线上取两平行点，分别用线坠垂下，测量下部水平位置上各线与轨道纵向的水平距离，同侧偏移时取其中的最大距离，异侧偏移时取其两导轨的偏移距离之和，即为中心线偏移度。

（11）利用声级计测量距防火卷帘门 1 m 远、高度 1.5 m 处防火卷帘门运行时的噪声，测量 3 次取平均值。

2）防火卷帘门安装要求

（1）防火卷帘门的安装部位、耐火及防烟等级应符合设计要求；防火卷帘门上方应有箱体或其他能阻止火灾蔓延的防火保护措施。

（2）电动防火卷帘门的供电电源应为消防电源；供电和控制导线截面积、绝缘电阻、线路敷设和保护管材质应符合规范要求。防火卷帘门供电装置的过电流保护整定值应符合设计要求。

（3）电动防火卷帘门应在两侧（人员无法操作侧除外）分别设置手动按钮控制电动防火卷帘门的升、降、停，并应具有在火灾时防火卷帘门下降，且灭火后自动提升该防火卷帘门的功能。

（4）设有自动报警控制系统的电动防火卷帘应设有自动关闭控制装置，用于疏散通道上的防火卷帘应有由探测器控制两步下降或下降到 1.5～1.8 m 后延时下降到底功能；用于只起到防火分隔作用的卷帘应一步下降到底，防火卷帘门手动速放装置的臂力不大于 50 N；消防控制室应有强制电动防火卷帘门下降功能（应急操作装置）并显示其状态；安装在疏散通道上的防火卷帘门的启闭装置应能在火灾断电后手动机械提升已下降关闭的防火卷帘门，并且该防火卷帘门能依靠其自重重新恢复原关闭状态。手动防火卷帘门手动下放牵引力不大于 150 N。

（5）帘板嵌入导轨（每侧）深度如表 5-1 所示。

表 5-1　帘板嵌入导轨深度

门洞宽度 B（mm）	每端嵌入长度（mm）
＜3000	＞45
3000≤B＜5000	＞50
5000≤B＜9000	＞60

（6）防火卷帘下降速度如表 5-2 所示。

表 5-2　防火卷帘下降速度

洞口高度（m）	下放速度（m/min）
洞口高度在 2 以内	2～6
洞口高度在 2～5	2.5～6.5
洞口高度在 5 以上	3～9

（7）防火卷帘门的重复定位精度应小于 20 mm。

（8）防火卷帘门座板与地面的间隙不大于 20 mm；帘板与底座的连接点间距不大 300 mm。

（9）防火卷帘门导轨预埋钢件间距不大于 600 mm。

（10）防火卷帘门的启闭装置处应有明显操作标志，便于人员操纵维护。

（11）防火卷帘门的导轨的垂直度不大于 5 mm/m，全长不大于 20 mm。

（12）防火卷帘门两导轨中心线平行度不大于 10 mm。

（13）防火卷帘门座板升降时两端高低差不大于 30 mm。

（14）导轨的顶部应制成圆弧形或喇叭口形，且圆弧形或喇叭口形应超过洞口以上至少 75 mm。

（15）防火卷帘门运行时的平均噪声如表 5-3 所示；

（16）防火卷帘门的手动按钮安装高度宜为 1.5 m 且不应加锁。

表 5-3　防火卷帘门运行时的平均噪声

卷门机功率 W（kW）	平均噪声（dB）	卷门机功率 W（kW）	平均噪声（dB）
$W \leqslant 0.4$	$\leqslant 50$	$1.5 < W$	$\leqslant 70$
$0.4 < W \leqslant 1.5$	$\leqslant 60$		

10．火灾应急广播的检测验收

（1）火灾事故广播设备，应按实际安装数量的 10%～20%进行下列功能检验：

① 在消防控制室选层进行广播试验；

② 共用的扬声器强行切换试验；

③ 备用扩音机控制功能试验。

上述控制功能应正常，语音应清楚。

（2）扬声器的功率应不小于 3 W，在环境噪声大于 60 dB 的场所，在其播放范围内最远处的播放声压应高于背景 15 dB。

（3）火灾广播接通顺序如下：①当 2 层及 2 层以上楼层发生火灾时，应先接通火灾层及其相邻的上、下层；②当首层发生火灾时，应先接通本层、2 层及地下各层；③ 当地下室发生火灾时，应先接通地下各层及首层。若首层与 2 层有大共享空间时应包括 2 层。

11．消防通信的检测验收

消防通信设备的检验，应符合下列要求：

（1）消防控制室与设备间所设的对讲电话进行 1～3 次通话试验；

（2）电话插孔按实际安装数量的 5%～10%进行通话试验；

（3）消防控制室的外线电话与"119 台"进行 1～3 次通话试验。

上述功能应正常，语音应清楚。

12．疏散指示灯的检测验收

（1）疏散指示灯的指示方向应与实际疏散方向相一致，墙上安装时安装高度应在 1 m 以下且间距不宜大于 20 m，人防工程不宜大于 10 m。

（2）疏散指示灯的照度应不小于 0.5 lx，人防工程不低于 1 lx；

（3）疏散指示灯采用蓄电池作为备用电源时，其应急工作时间应不少于 20 分钟，建筑物高度超过 100 m 时其应急工作时间应不少于 30 分钟。

（4）疏散指示灯的主备电源切换时间应不大于 5 s。

13．消防电梯的检测验收

消防电梯检测验收主要对下列内容。

（1）载重量。消防电梯的载重量应不小于 800 kg。

（2）运行时间。消防电梯从首层运行到顶层的时间应不大于 1 分钟。

（3）消防电梯轿箱内应设消防专用电话。

（4）消防控制室应有对消防电梯强行下降功能，并且显示其工作状态。

（5）消防电梯前室应设有挡水措施，电梯井底应设排水措施。

以上各项检验项目中，若有不合格者时，应限期修复或更换，并进行复检。复检时，对有抽检比例要求的，应进行加倍试验。复验不合格者，不能通过验收。

5.3　消防系统维护

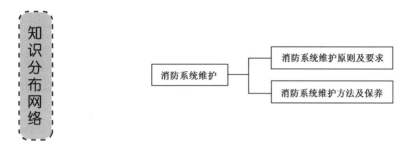

在火灾自动报警系统安装调试，通过验收后，经过时间的推移、运作需定期对系统设备进行维护，延长使用寿命，同时对系统运行情况、设备维修情况等进行记录，以使管理人员在工作中有章可循。

5.3.1　消防系统维护原则及要求

1．消防系统维护原则

（1）火灾自动报警系统的使用单位应有经过专门培训的人员负责系统的管理操作和维护。

（2）火灾自动报警系统正式启用时，应具有下列文件资料：系统竣工图及设备的技术资料；公安消防机构出具的有关法律文书；系统的操作规程及维护保养管理制度；系统操作人员名册及相应的工作职责；值班记录和使用图表。

（3）火灾自动报警系统的使用单位应建立技术档案，并应有电子备份档案，系统的原始技术资料应长期保存。技术档案应包含基本情况和动态管理情况。基本情况包括火灾自动报警系统的验收文件和产品、系统使用说明书、系统调试记录等原始技术资料。动态管理情况应包括火灾自动报警系统的值班记录、巡查记录、单项检查记录、联动检查记录、故障处理记录等。

（4）《消防控制室值班记录》和《火灾自动报警系统巡查记录》的存档时间不应少于 1 年；《火灾自动报警系统检验报告》、《火灾自动报警系统联动检查记录》的存档时间不应少于 3 年。

2．消防系统维护要求

（1）火灾自动报警系统中所有设备都应做好日常维护保养工作，注意防潮、防尘、防电磁干扰、防冲击、防碰撞等各项安全防护工作，保持设备经常处于完好状态。

（2）清洗工作要由有条件的专门清洗单位进行，不得随意自行清洗，除非经过公安消防监督机构批准认可。清洗后，火灾探测器应做响应阈值和其他必要的功能试验，以保证其响应性能符合要求。发现不合格的，应予报废，并立即更换，不得维修后重新安装使用。

5.3.2 消防系统维护方法及保养

1. 火灾探测器

做好火灾探测器的定期清洗工作，对于保持火灾自动报警系统良好运行十分重要。国家标准《火灾自动报警系统施工及验收规范》明确规定：火灾探测器投入运行 2 年后，应每隔 3 年全部清洗一遍；并做响应阈值及其他必要的功能试验。合格者方可继续使用，不合格者严禁重新安装使用。

2. 火灾报警控制器

火灾报警控制器在长期使用过程中，会有大量的灰尘吸附在火灾报警控制器的电路板上，灰尘过多会影响电路板散热，在潮湿的情况下还有可能发生短路，所以定期清洁报警控制器也是十分必要的。

值班人员每日在交接班时应按要求检查火灾报警控制器及火灾自动报警系统的功能，并按要求填写表 5-4 和表 5-5 所示的内容。

表 5-4　火灾报警控制器日检登记表

检查项目	自检	消音	复位	故障报警	巡检	电源		检查人签名	备注
时间						主电源	备用电源		

表 5-5　火灾自动报警系统运行日检登记表

项目	设备运行情况		报警性质				报警部位、原因及处理情况	值班人	备注
时间	正常	故障	火警	误报	故障报警	漏报		时~时	

（1）火灾报警控制器报总线故障时，一般是信号线线间短路或对地电阻太低，此时应关闭火灾报警探测器，并通知相应的消防安装公司对信号线路进行检修。

（2）当火灾报警控制器报信号故障时，一般证明 24 V 电源线线间短路或对地电阻太低，此时应关闭火灾报警控制器，并通知相应的消防安装公司对电源线进行检修。

（3）火灾报警控制器的广播主机和电话主机报过流故障时，应关闭相应的广播和电话主机，并通知相应的消防安装公司对广播和电话线路进行检修。

（4）当火灾报警控制器报备电故障时，一般是电池因过放电而导致损坏，应尽早通知火灾报警控制器厂家对电池进行更换。

（5）当火灾报警控制器发生异常的声、光指示或气味等情况时，应立即关闭火灾报警控制器电源，并尽快通知火灾报警控制器厂家进行检修。

（6）当使用备电源供电时应注意供电时间不应超过 8 h，若超过 8 h 应关闭火灾报警控制器的备电源开关，待主电源恢复后再打开，以防蓄电池损坏。

（7）若现场设备（包括探测器或模块等）出现故障时应及时维修，若因特殊原因不能及时排除故障时应将其隔离，待故障排除后再利用释放功能将设备恢复。

（8）用户应认真做好值班记录，若发生报警，应先按下火灾报警控制器上的"消音"键并迅速确认火情，酌情处理完毕做好执行记录，最后按"复位"键清除；若确认为误报警，在记录完毕可针对误报警的探测器或模块进行处理，必要时通知厂家进行维修。

3. 消防水泵

（1）消防水泵的一级保养一般每周进行一次，包括消防泵体擦拭，紧固螺栓；电动机的接线、接地、绝缘状况及其启动控制装置；消防水泵润滑等。

（2）二级保养一般每年进行一次，其内容如一级保养。

4. 自动喷水灭火系统

自动喷水灭火系统维护包括日常检查和对报警阀的保养。

1）日常检查
日常检查内容如下：
（1）水箱水位是否达到设计水位；
（2）系统的阀门是否打开，排水阀是否关闭；
（3）稳压系统是否正常工作；
（4）压力表是否正常。

2）对报警阀的保养
报警阀的保养包括阀体的清理和螺丝紧固；压力表的计量准确度；阀外管道和过滤器洁净度。

5. 防排烟系统

（1）日常检查：每日开启一次风机检查运行是否正常，系统各部件外观是否正常。

（2）定期检查：一般每隔 3 个月检查一次，主要是指对风机的联动启动的检查，风口风速测量，风机的保养、润滑及传动带的松紧程度检查等。

6. 防火卷帘门

对于防火分区的卷帘门，每日下班后要降半，对于所有卷帘门应每周进行依次联动试验；每月进行一次机械部分的保养、润滑；每年进行一次整体保养。

7. 消防电梯

消防电梯应每隔 1 个月进行一次强降试验及井道排水泵的启动，并进行排水泵保养、润滑、电器部分的检查。

实训 6　消防系统调试

1. 实训目的

通过本次实训教学与学习，使学生了解消防系统的调试动作过程，掌握消防系统的调试使用。

2. 实训器材

消防系统装置。

3. 实训步骤

1）准备工作
进行"安全、规范、严格、有序"教育为主的实训动员，明确任务和要求。

2）通电前检查
（1）电源检查
检查主备电源是否良好接地，输出电压大小是否符合工作要求。
（2）线路检查
按照消防施工验收规范进行线路检查，确保探测器、模块、控制器等设备接线正确，接地良好，各设备工作开关处于开的状态。

3）上电登录
通电，控制器可自动记录各回路所连接的编码地址总数，判断回路工作是否正常。

4）消防控制器操作
（1）设备定义
根据实际情况进行系统设备定义。
（2）联动编程
根据工程实际和消防报警及灭火规范的要求确定联动关系进行编程。

5）火灾故障处理

4. 注意事项

（1）注意实训过程中多看、多听、多问，不允许乱窜走动和指手画脚，以免造成触电事故；
（2）注意团队协作，实训过程中及时记录相关内容。

5. 实训思考

（1）系统调试前需要有哪些准备工作。
（2）系统调试要求有哪些？
（3）系统调试过程中，控制器一直有报警信号，应如何处理？

知识梳理与总结

本单元主要介绍了消防系统的调试、验收和维护。通过本单元的学习，学生应对消防系统的调试、验收和维护有一定认识，掌握其在建筑工程中的作用。

（1）消防系统调试要求和方法、步骤。

（2）消防系统验收要求和验收内容。

（3）消防系统维护原则、要求和维护方法。

练习题 5

1．选择题

（1）消防系统调试前应具备相关资料，以下不需要的是（　　）。

A．火灾自动报警系统框图　　　B．设备安装技术文件　　　C．安装验收单

D．建设单位上级或主管部门批准的工程立项、审查、批复等文件

（2）以下在消防系统调试前不需要检查的项目是（　　）。

A．工程项目审核审批条件　　　　　B．设备的规格、型号

C．系统的施工质量　　　　　　　　D．检查系统线路

（3）消防系统调试分两个阶段，分别是（　　）。

A．探测器调试、整机调试　　　　　B．各子系统单独调试、系统整机调试

C．手动火灾报警按钮调试、整机调试　　D．报警控制器调试、系统整机调试

（4）以下针对消防系统调试，描述错误的是（　　）。

A．消火栓灭火系统在水压试验、严密性试验正常后，方可进行消防水泵的调试。

B．自动喷水灭火系统调试包括水源调试、水压强度试验、水压严密性试验、喷淋泵的调试、报警阀的调试、水流指示器的调试和信号阀的调试。

C．防排烟系统由于分为防烟和排烟两部分，因此该系统调试分为正压送风系统和机械排烟系统两部分的调试

D．应急疏散照明的照度应大于 0.5 lx，消防控制室照度应大于 150 lx，消防泵房、防排烟机房、自备发电机房的照度可以不同。

（5）建筑工程消防系统验收前，应向公安消防监督机构提交验收申请报告并附技术文件，以下不属于该技术文件的是（　　）。

A．施工记录　　　　　　　　　　B．调试报告

C．工程立项、审查、批复文件　　　D．管理、维护人员登记表。

（6）以下针对消防系统验收，描述错误的是（　　）。

A．火灾探测器的检测验收，抽检数量不少于 10 只

B．火灾报警控制器的检测验收，数量在 5 台以上的，抽验数量不少于 5 台

C．室内消火栓检测验收，工作泵、备用泵转换运行 1～2 次

D．火灾应急广播的检测验收，广播设备应按实际安装数量的 10%～20% 进行功能检验

（7）消防系统维护要求，描述错误的是（　　）。

A. 火灾自动报警系统中所有设备都应做好日常维护保养工作，注意防潮、防尘、防电磁干扰、防冲击、防碰撞等各项安全防护工作。

B. 火灾探测器投入运行 2 年后，应每隔 3 年全部清洗一遍。

C. 火灾自动报警系统的使用单位应建立技术档案，并应有电子备份档案，系统的原始技术资料应长期保存。

D. 清洗工作要由有条件的专门清洗单位进行，不得随意自行清洗，即使经过公安消防监督机构批准也不可以。

（8）在系统维护过程中，当火灾报警控制器发生异常的声、光指示或气味等情况时应如何处理（　　）。

A. 立即关闭火灾报警控制器电源，并尽快通知火灾报警控制器厂家进行检修

B. 应关闭火灾报警探测器，并通知相应的消防安装公司对线路进行检修

C. 应尽早通知火灾报警控制器厂家对电池进行更换

D. 先按下火灾报警控制器上的"消音"键并迅速确认火情，酌情处理完毕做好执行记录，最后按"复位"键

2. 思考题

（1）什么是消防系统调试。

（2）消防系统调试前应对工程的哪些方面进行检查。

（3）简述消防系统调试步骤。

（4）简述消防系统验收内容。

（5）简述火灾报警控制器维护方法。

学习单元6

消防系统设计

教学导航

学习单元		6.1 消防系统的设计内容	学时	8
		6.2 消防系统的设计原则		
		6.3 消防系统的设计程序		
		6.4 火灾自动报警系统的保护对象与设置场所		
		6.5 火灾自动报警系统的设计要求与区域划分		
教学目标	知识方面	了解消防系统设计的内容及需要遵循的原则，掌握系统设计的程序及设计中需要把握的要点		
	技能方面	能够进行消防系统设计解决实际工程应用问题		
过程设计		任务布置及知识引导→分组学习、讨论和收集资料→学生编写报告，制作PPT、集中汇报→教师点评或总结		
教学方法		项目教学法		

在现代建筑物中，为有效扑灭火灾，防止火势蔓延，必须设置消防系统，对于从事消防相关技术的人员来说，认识了解消防系统的设计内容和要点，能更快更好理解消防系统并做好相关工作有很大好处，尤其消防设计人员，应该更好掌握这方面知识从而有效合理设计建筑消防系统。

6.1　消防系统的设计内容

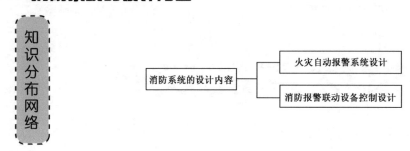

消防系统设计一般有两大部分内容：一是火灾自动报警系统设计；二是消防报警联动设备控制设计。

1．火灾自动报警系统设计

1）火灾自动报警系统形式

火灾自动报警系统设计的形式有区域系统、集中系统、控制中心系统 3 种，可根据实际情况选择。

2）火灾自动报警系统供电

火灾自动报警系统应设有主电源和直流备用电源。建筑物应独立形成消防、防灾供电系统，并要保障供电可靠性。

3）火灾自动报警系统接地

可采用专用接地装置或共用接地装置。

2．消防报警联动设备控制设计

系统设备的控制是系统设计的重要部分，消防联动系统涉及的设备较多，具体控制的设备如表 6-1 所示。

表 6-1　消防系统设计内容

设备名称	内容
报警设备	火灾自动报警控制器、火灾探测器、手动报警按钮、紧急报警设备
通信设备	应急通信设备、对讲电话、应急电话等
广播设备	火灾事故广播设备、火灾警报装置
灭火设备	喷水灭火系统的控制 室内消火栓灭火系统的控制 气体灭火系统
消防联动设备	防火门、防火卷帘门、防排烟阀、空调通风设施的紧急停止、电梯控制、非消防电源的断电控制
避难设施	应急照明装置、火灾疏散指示标志

一个建筑物内合理设计火灾自动报警系统，能及早发现和通报火灾，防止和减少火灾危害，保证人身和财产安全。设计的优劣主要从以下几方而进行评价：

（1）满足国家《火灾自动报警设计规范》及《建筑设计防火规范》的要求；

（2）满足消防功能的要求；

（3）技术先进，施工、维护及管理方便；

（4）设计图纸资料齐全，准确无误；

（5）投资合理，性价比高。

6.2　消防系统的设计原则

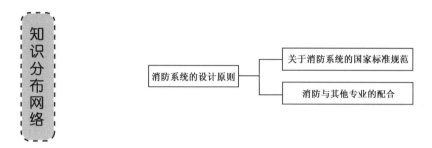

为了使消防系统达到安全适用、技术先进、经济合理。在进行消防工程设计时，要遵照以下原则进行。

1. 熟练掌握国家标准、规范、法规等，对规范中的正面词及反面词的含义要领悟准确，保证做到依法设计

我国消防法规大致分为 5 类，即建筑设计防火规范、系统设计规范、设备制造标准、安全施工验收规范及行政管理法规。设计者只有掌握了这 5 大类的消防法规，在设计中才能做到应用自如、准确无误。

如在执行法规遇到矛盾时，应按以下几点执行。

（1）行业标准服从国家标准。

（2）从安全方面考虑，采用高标准。

（3）报请主管部门解决，包括公安部、建设部等主管部门。

2. 详细了解建筑物的使用功能、保护对象级别及有关消防监督部门的审批意见

3. 设计过程中要与建筑、结构、给排水、暖通等工种密切协调配合

（1）消防与建筑专业的配合

在对民用建筑进行消防系统的设计过程中，要认识到建筑专业是主导专业；电气（消防）和其他专业则处于配角的地位，即围绕着建筑专业的构思而开展设计，力求表现和实现建筑设计的意图，并且在工程设计的全过程中服从建筑专业的调度。虽然建筑专业在设计中处于主导地位，但并不排斥其他包括消防专业在设计中的独立性和重要性。从某种意义上讲，建筑设备设施的优劣，标志着建筑物现代程度的高低。因为建筑物的现代化除了建筑造型和内部使用功能具有时代特征外，很重要的方面是内部设备的现代化，所以建筑工程设计不是某一个专业所能完成的，而是各个专业密切配合的结果。

（2）消防与设备专业的协调

消防设施与采暖、通风、给排水、煤气等建筑设备的管道纵横交错，争夺地盘的地方特别多。因此，在设计中要很好地协调，设备专业要合理划分地盘，而且要认真进行专业间的检查，否则会造成工程返工和建筑功能上的损失。

对初步设计阶段各专业相互提供的资料要进行补充和深化，消防专业需要做的工作如下：

① 向建筑专业提供有关消防设备用房的平面布置图，以便于得到他们的配合；

② 向结构专业提供有关预留埋件或预留孔洞的位置图；

③ 向水暖专业了解各种用电设备的控制、操作、连锁等。

总之，只有专业之间相互理解、相互配合，才能设计出既符合设计意图，又在技术和安全上符合规范功能及满足使用要求的建筑物。

4．设计过程中要考虑相关单位需求，有业务联系

1）与建设单位关系

工程完工后总是要交付给建设单位使用，满足使用单位的需要是设计的最根本目的。因此，要做好一项消防系统的设计，必须了解建设单位的需求和他们提供的设计资料。

2）与施工单位关系

设计是用图纸表达的产品，而工程的实体需要施工单位去建设，因此设计方案必须具备实施性，否则只是"纸上谈兵"而已。一般来讲，设计者应该掌握施工工艺，至少应该了解各种安装过程，这样以免设计出的图纸不能实施。设计完成后，必须与施工单位进行技术交底，告知相关技术要求。

3）与公共事业单位的关系

消防系统装置使用的能源和信息来自于市政设施的不同系统。因此，在开始进行设计方案构思时，应考虑到能源和信息输入的可能性及其具体措施。与这方面有关的设施是供电网络、通信网络、消防报警网络等，因此需要与供电、电信和消防等部门进行业务联系。

6.3 消防系统的设计程序

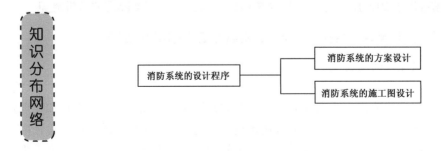

消防系统的设计程序一般分为方案设计（即初步设计）和施工图设计两个阶段。

6.3.1　消防系统的方案设计

消防系统的方案设计（初步设计）内容如下。

1．确定设计依据

设计依据包括消防相关规范；建筑的规模、功能、防火等级、消防管理形式及所有土建及其他工程的初步设计图纸。根据以上资料需要掌握以下内容：

建筑类别和防火等级；土建图中显示出防火分区划分、风道（风口）、烟道（烟口）位置，防火卷帘数量及位置等；给排水专业给出消火栓、水流指示器、压力开关、各种消防用水泵的位置等；电力照明专业给出供电及有关配电箱（如事故照明配电箱、空调配电箱、消防电源切换箱）的位置；通风与空调专业给出防排烟机、防火阀、各种与消防有关风机的位置等。

2．方案确定

确定合理的设计方案是设计成败的关键所在，是施工图设计的基础和核心。应根据建筑物的性质、疏散难易程度及全部已知条件确定消防系统保护对象级别，采用什么规模、类型的系统，采用哪个厂家的产品。一项优秀设计不仅是工程图纸的精心绘制，而且更要重视方案的设计、比较和选择。根据以上掌握内容可以确定电气对应消防措施，如表 6-2 所示。

表 6-2　电气专业配合消防措施

序号	设计项目	电气专业配合措施
1	建筑物高度	确定电气防火设计范围
2	建筑防火分类	确定电气消防设计内容和供电方案
3	防火分区	确定区域报警范围、选用探测器种类
4	防烟分区	确定防排烟系统控制方案
5	建筑物内用途	确定探测器形式类别和安装位置
6	构造耐火极限	确定各电气设备设置部位
7	室内装修	选择探测器形式类别、安装方法
8	家具	确定保护方式、采用探测器类型
9	屋架	确定屋架探测方法和灭火方式
10	疏散时间	确定紧急和疏散标志、事故照明时间
11	疏散路线	确定事故照明位置和疏散通路方向
12	疏散出口	确定标志灯位置指示出口方向
13	疏散楼梯	确定标志灯位置指示出口方向
14	排烟风机	确定控制系统与连锁装置
15	排烟口	确定排烟风机连锁系统
16	排烟阀门	确定排烟风机连锁系统
17	防火卷帘门	确定探测器联动方式
18	电动安全门	确定探测器联动方式
19	送回风口	确定探测器位置

续表

序号	设计项目	电气专业配合措施
20	空调系统	确定有关设备的运行显示及控制
21	消火栓	确定人工报警方式与消防泵连锁控制
22	喷淋灭火系统	确定动作显示方式
23	气体灭火系统	确定人工报警方式、安全自动和运行显示方式
24	消防水泵	确定供电方式及控制系统
25	水箱	确定报警及控制方式
26	电梯机房及电梯井	确定供电方式、探测器安装位置
27	竖井	确定使用性能，采取隔离火源的各种措施，必要时放置探测器
28	垃圾道	设置探测器
29	管道竖井	根据井的结构及性质，采取隔断火源的各种措施，必要时设置探测器
30	水平运输带	穿越不同防火区，采取封闭措施

6.3.2 消防系统的施工图设计

施工图是工程施工的重要技术文件，主要包括设计说明、系统图、平面图等。施工图应清楚地标明探测器、手动报警按钮、消防广播、消防电话、消火栓按钮、防排烟机等各设备的平面安装位置、设备之间的线路走向、系统对设备的控制关系等。具体设计步骤如下。

1．计算

按建筑物房间使用功能及层高计算布置设备的数量，具体包括探测器的数量、手动报警按钮的数量、消防广播的数量、楼层显示器、隔离器、支路、回路的数量，及控制器的容量等。

2．绘制平面图

（1）根据计算结果进行平面图布置，包括探测器、手动报警按钮、区域报警器（楼层显示器）、消火栓报警按钮、中继器、总线驱动器、总线隔离器、各种模块等。

（2）参考采用厂家的产品样本系统图对平面图进行布线、选线，确定敷设、安装方式，并加以标注。

3．绘制系统图

根据厂家产品样本所给系统图结合平面图中的实际情况绘制系统图，要求分层清楚、布线标注明确、设备符号及数量均与平面图一致。

4．绘制其他一些施工详图

其他施工图包括消防控制室设备布置图和有关非标设备的尺寸及布置图等。

5．编写设计说明书

编写设计说明书包括设计依据、消防系统实现功能、设备线路敷设、图例符号、材料表和供电、接地等图纸表述不清楚部分。

施工图设计完成后，在开始施工之前，设计人员应与施工单位的技术人员或负责人员作电气工程设计技术交底。在施工过程中，设计人员应经常去现场帮助施工人员解决图纸上或施工技术上问题，有时还要根据施工过程中出现的新问题做一些设计上的变动，并以书面形式发出修改通知书或修改图。设计工作的最后一步是组织设计人员、建设单位、施工单位及有关部门对工程进行竣工验收。设计人员检查电气施工是否符合设计要求，即详细查阅各种施工记录，到现场查看施工质量是否符合验收规范，检查设备安装措施是否符合图纸规定，将检查结果逐项写入验收报告，并最后作为技术文档归档。

6.4　火灾自动报警系统的保护对象与设置场所

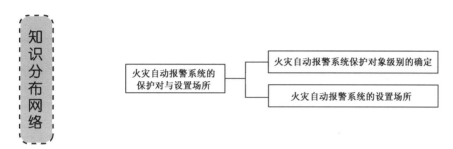

1．火灾自动报警系统保护对象级别的确定

火灾自动报警系统保护对象的分级要根据不同情况和火灾自动报警系统设计的特点，结合保护对象的实际需要，有针对性地划分。《火灾自动报警系统设计规范》明确规定："火灾自动报警系统的保护对象应根据其使用性质、火灾危险性、疏散和扑救难度等分为特级、一级和二级。"

2．火灾自动报警系统的设置场所

1）《高层民用建筑设计防火规范》的要求摘录

9.4.1　建筑高度超过 100 m 的高层建筑，除游泳池、溜冰场、卫生间外，均应设火灾自动报警系统。

9.4.2　除住宅、商住楼的住宅部分、游泳池、溜冰场外，建筑高度不超过 100 m 的一类高层建筑的下列部位应设置火灾自动报警系统：

9.4.2.1　医院病房楼的病房、贵重医疗设备室、病历档案室、药品库。

9.4.2.2　高级旅馆的客房和公共活动用房。

9.4.2.3　商业楼、商住楼的营业厅，展览楼的展览厅。

9.4.2.4　电信楼、邮政楼的重要机房和重要房间。

9.4.2.5　财贸金融楼的办公室、营业厅、票证库。

9.4.2.6　广播电视楼的演播室、播音室、录音室、节目播出技术用房、道具布景。

9.4.2.7　电力调度楼、防灾指挥调度楼等的微波机房、计算机房、控制机房、动力机房。

9.4.2.8　图书馆的阅览室、办公室、书库。

9.4.2.9　档案楼的档案库、阅览室、办公室。

9.4.2.10　办公楼的办公室、会议室、档案室。

9.4.2.11　走道、门厅、可燃物品库房、空调机房、配电室、自备发电机房。

9.4.2.12 净高超过 2.60 m 且可燃物较多的技术夹层。

9.4.2.13 贵重设备间和火灾危险性较大的房间。

9.4.2.14 经常有人停留或可燃物较多的地下室。

9.4.2.15 电子计算机房的主机房、控制室、纸库、磁带库。

9.4.3 二类高层建筑的下列部位应设火灾自动报警系统：

9.4.3.1 财贸金融楼的办公室、营业厅、票证库。

9.4.3.2 电子计算机房的主机房、控制室、纸库、磁带库。

9.4.3.3 面积大于 50 m² 的可燃物品库房。

9.4.3.4 面积大于 500 m² 的营业厅。

9.4.3.5 经常有人停留或可燃物较多的地下室。

9.4.3.6 性质重要或有贵重物品的房间。

注：旅馆、办公楼、综合楼的门厅、观众厅，设有自动喷水灭火系统时，可不设火灾自动报警系统。

2）《建筑设计防火规范》的要求摘录

第 10.3.1 条 建筑物的下列部位应设火灾自动报警装置：

10.3.1.1 大中型电子计算机房，特殊贵重的机器、仪表、仪器设备室、贵重物品库房，每座占地面积超过 1 000 m² 的棉、毛、丝、麻、化纤及其织物库房，设有卤代烷、二氧化碳等固定灭火装置的其他房间，广播、电信楼的重要机房，火灾危险性大的重要实验室；

10.3.1.2 图书、文物珍藏库、每座藏书超过 100 万册的书库，重要的档案、资料库，占地面积超过 500 m² 或总建筑面积超过 1 000 m² 的卷烟库房；

10.3.1.3 超过 3 000 个座位的体育馆观众厅，有可燃物的吊顶内及其电信设备室，每层建筑面积超过 3 000 m² 的百货楼、展览楼和高级旅馆等。

注：设有火灾自动报警装置的建筑，应在适当部位增设手动报警装置。

第 10.3.1A 条 建筑面积大于 500 m² 的地下商店应设火灾自动报警装置。

第 10.3.1B 条 下列歌舞娱乐放映游艺场所应设火灾自动报警装置：

10.3.1B.1 设置在地下、半地下；

10.3.1B.2 设置在建筑的地上四层及四层以上。

第 10.3.2 条 散发可燃气体、可燃蒸汽的甲类厂房和场所，应设置可燃气体浓度检漏报警装置。

第 10.3.3 条 设有火灾自动报警装置和自动灭火装置的建筑，宜设消防控制室。独立设置的消防控制室，其耐火等级不应低于二级。附设在建筑物内的消防控制室，宜设在建筑物内的底层或地下一层，应采用耐火极限分别不低于 3 h 的隔墙和 2 h 的楼板，并与其他部位隔开和设置直通室外的安全出口。

第 10.3.4 条 消防控制室应有下列功能：

10.3.4.1 接受火灾报警，发出火灾的声、光信号，事故广播和安全疏散指令等；

10.3.4.2 控制消防水泵，固定灭火装置，通风空调系统，电动的防火门、阀门、防火卷帘、防烟排烟设施；

10.3.4.3 显示电源、消防电梯运行情况等。

3）《人民防空工程设计防火规范》的要求摘录

8.4.1　下列人防工程或部位应设置火灾自动报警系统：

8.4.1.1　建筑面积大于 500 m² 的公共娱乐场所和小型体育场所；

8.4.1.2　建筑面积大于 1 000 m² 的丙、丁类生产车间和丙、丁类物品库房；

8.4.1.3　重要的通信机房和电子计算机机房，柴油发电机房和变配电室，重要的实验室和图书、资料、档案库房等。

8.4.2　火灾自动报警系统和火灾应急广播的设计应按现行国家标准《火灾自动报警系统设计规范》的规定执行。

8.4.3　设有火灾自动报警系统、自动喷水灭火系统、机械防烟排烟设施等的人防工程，应设置消防控制室。并应符合本规范第 3.1.4 条的规定。

4）《汽车库、修车库、停车场设计防火规范》的要求摘录

除敞开式汽车库以外，Ⅰ类汽车库、Ⅱ类地下汽车库和高层汽车库以及机械式立体汽车库、复式汽车库、采用升降梯做汽车疏散出口的汽车库，应设置火灾自动报警系统。

6.5　火灾自动报警系统的设计要求与区域划分

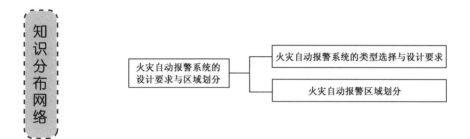

1. 火灾自动报警系统的类型选择与设计要求

火灾自动报警系统应根据保护对象的分级规定、功能要求和消防管理体制等因素综合考虑确定。火灾自动报警系统的基本形式有以下三种：

（1）区域报警系统，一般适用于二级保护对象；

（2）集中报警系统，一般适用于一级和二级保护对象；

（3）控制中心报警系统，一般适用于特级和一级的保护对象。

《火灾自动报警系统设计规范》中第 5.2 条要求如下：

5.2.2　区域报警系统的设计，应符合下列要求：

5.2.2.1　一个报警区域宜设置一台区域火灾报警控制器或一台火灾报警控制器，系统中区域火灾报警控制器或火灾报警控制器不应超过两台。

5.2.2.2　区域火灾报警控制器或火灾报警控制器应设置在有人值班的房间或场所。

5.2.2.3　系统中可设置消防联动控制设备。

5.2.2.4　当用一台区域火灾报警控制器或一台火灾报警控制器警戒多个楼层时，应在每个楼层的楼梯口或消防电梯前室等明显部位，设置识别着火楼层的灯光显示装置。

5.2.2.5　区域火灾报警控制器或火灾报警控制器安装在墙上时，其底边距地面高度宜

为 1.3～1.5 m，其靠近门轴的侧面距墙不应小于 0.5 m，正面操作距离不应小于 1.2 m。

5.2.3 集中报警系统的设计，应符合下列要求：

5.2.3.1 系统中应设置一台集中火灾报警控制器和两台及两台以上区域火灾报警控制器，或设置一台火灾报警控制器和两台及两台以上区域显示器。

5.2.3.2 系统中应设置消防联动控制设备。

5.2.3.3 集中火灾报警控制器或火灾报警控制器，应能显示火灾报警部位信号和控制信号，亦可进行联动控制。

5.2.3.4 集中火灾报警控制器或火灾报警控制器，应设置在有专人值班的消防控制室或值班室内。

5.2.3.5 集中火灾报警控制器或火灾报警控制器、消防联动控制设备等在消防控制室或值班室内的布置，应符合《火灾自动报警系统设计规范》（GB 50116—1998）第 6.2.5 条的规定。

5.2.4 控制中心报警系统的设计，应符合下列要求：

5.2.4.1 系统中至少应设置一台集中火灾报警控制器、一台专用消防联动控制设备和两台及两台以上区域火灾报警控制器；或至少设置一台火灾报警控制器、一台消防联动控制设备和两台及两台以上区域显示器。

5.2.4.2 系统应能集中显示火灾报警部位信号和联动控制状态信号。

5.2.4.3 系统中设置的集中火灾报警控制器或火灾报警控制器和消防联动控制设备在消防控制室内的布置，应符合《火灾自动报警系统设计规范》（GB 50116—1998）第 6.2.5 条的规定。

另外，在选择火灾报警控制器容量和每一总线回路所连接的火灾探测器和控制模块或信号模块的地址编码总数时，宜留有一定余量，且火灾自动报警系统的设备应采用经国家有关产品质量监督检测单位检验合格的产品。

2. 火灾自动报警区域划分

1）防火和防烟分区

《高层民用建筑设计防火规范》要求摘录如下：

5.1.1 高层建筑内应采用防火墙等划分防火分区，每个防火分区允许最大建筑面积，不应超过表 6-3 的规定。

表 6-3　每个防火分区的允许最大建筑面积

建筑类别	每个防火分区建筑面积（m²）
一类建筑	1 000
二类建筑	1500
地下室	500

注：① 设有自动灭火系统的防火分区，其允许最大建筑面积可按本

　　表增加 1 倍；当局部设置自动灭火系统时，增加面积可按该

　　局部面积的 1 倍计算。

② 一类建筑的电信楼，其防火分区允许最大建筑面积可按本表

　　增加 50%。

5.1.2 高层建筑内的商业营业厅、展览厅等，当设有火灾自动报警系统和自动灭火系统，且采用不燃烧或难燃烧材料装修时，地上部分防火分区的允许最大建筑面积为 4 000 m²；地下部分防火分区的允许最大建筑面积为 2 000 m²。

5.1.3 当高层建筑与其裙房之间设有防火墙等防火分隔设施时，其裙房的防火分区允许最大建筑面积不应大于 2 500 m²，当设有自动喷水灭火系统时，防火分区允许最大建筑面积可增加 1 倍。

5.1.4 高层建筑内设有上下层相连通的走廊、敞开楼梯、自动扶梯、传送带等开口部位时，应按上下连通层作为一个防火分区，其允许最大建筑面积之和应不超过《高层民用建筑设计防火规范》第 5.1.1 条的规定。当上下开口部位设有耐火极限大于 3.00 h 的防火卷帘或水幕等分隔设施时，其面积可不叠加计算。

5.1.5 高层建筑中庭防火分区面积应按上、下层连通的面积叠加计算，当超过一个防火分区面积时，应符合下列规定：

5.1.5.1 房间与中庭回廊相通的门、窗、应设自行关闭的乙级防火门、窗。

5.1.5.2 与中庭相通的过厅、通道等，应设乙级防火门或耐火极限大于 3.00 h 的防火卷帘分隔。

5.1.5.3 中庭每层回廊应设有自动喷水灭火系统。

5.1.5.4 中庭每层回廊应设火灾自动报警系统。

5.1.6 设置排烟设施的走道、净高不超过 6.00 m 的房间，应采用挡烟垂壁、隔墙或从顶棚下突出不小于 0.50 m 的梁划分防烟分区。

每个防烟分区的建筑面积不宜超过 500 m²，且防烟分区不应跨越防火分区。

2）报警区域和探测区域

将火灾自动报警系统警戒范围按防火分区或楼层划分的单元称为报警区域。在系统设计中，一个报警区域宜由一个防火分区或同楼层的几个相邻防火分区组成。但由同一楼层的几个防火分区组成报警区域时，不得跨越楼层。

将报警区域按探测火灾的部位划分的单元称为探测区域。探测区域可以是一只探测器所保护的区域，也可以是几只探测器共同保护的区域。但一个探测区域在区域控制器上只能占有一个报警部位号。以下为《火灾自动报警系统设计规范》要求摘录：

4.1 报警区域的划分

4.1.1 报警区域应根据防火分区或楼层划分。一个报警区域宜由一个或同层相邻几个防火分区组成。

4.2 探测区域的划分

4.2.1 探测区域的划分应符合下列规定：

4.2.1.1 探测区域应按独立房（套）间划分。一个探测区域的面积不宜超过 500 m²；从主要入口能看清其内部，且面积不超过 1 000 m² 的房间，也可划为一个探测区域。

4.2.1.2 红外光束线型感烟火灾探测器的探测区域长度不宜超过 100 m；缆式感温火灾探测器的探测区域长度不宜超过 200 m；空气管差温火灾探测器的探测区域长度宜在 20～100 m 之间。

4.2.2 符合下列条件之一的二级保护对象，可将几个房间划为一个探测区域。

4.2.2.1 相邻房间不超过 5 间，总面积不超过 400 m²，并在门口设有灯光显示装置。

4.2.2.2 相邻房间不超过 10 间，总面积不超过 100 m²，在每个房间门口均能看清其内部，并在门口设有灯光显示装置。

4.2.3 下列场所应分别单独划分探测区域：

4.2.3.1 敞开或封闭楼梯间；

4.2.3.2 防烟楼梯间前室、消防电梯前室、消防电梯与防烟楼梯间合用的前室；

4.2.3.3 走道、坡道、管道井、电缆隧道；

4.2.3.4 建筑物闷顶、夹层。

3. 探测器的选择与安装

1）种类的选择

探测器种类应根据探测区域内的环境条件、火灾特点、房间高度、安装场所的气流状况等，选用与其相适宜的探测器或几种探测器的组合。有以下两方面考虑。

（1）根据火灾特点、环境条件及安装场所选择探测器。

（2）根据房间高度选择探测器。探测器种类的选择已在学习单元 2 中阐述，此处不再累述。

2）数量的确定

在实际工程中，房间大小及探测区大小不一，房间高度、顶棚坡度也各异，那么如何确定探测器的数量呢？国家规范规定：探测区域内每个房间至少设置一只火灾探测器；一个探测区域内所设置的探测器的数量，不应小于下式的计算值：

$$N \geqslant \frac{S}{K \cdot A}$$

式中　N——一个探测区域内所设置的探测器的数量（只），应取整数；

S——一个探测区域的地面面积（m²）；

A——探测器的保护面积，m²（探测器的保护面积是指一只探测器能有效探测的地面面积。由于建筑物房间的地面通常为矩形，因此，所谓"有效"探测的地面面积，实际上是指探测器能探测到的矩形地面面积。探测器的保护半径 R（m）是指一只探测器能有效探测的单向最大水平距离。）；

K——安全修正系数，特级保护对象 K 取 0.7～0.8，一级保护对象 K 取 0.8～0.9，二级保护对象 K 取 0.9～1。

安全修正系数 K 的选取时根据设计者的实际经验，并考虑火灾可能对人身和财产的损失程度、火灾危险性的大小、疏散及扑救火灾的难易程度及对社会的影响大小等多种因素。

对于一个探测器而言，其保护面积和保护半径的大小与其探测器的类型、探测区域的面积、房间高度及屋顶坡度都有一定的联系。表 6-4 以两种常用的探测器反映了保护面积、保护半径与其他参量的相互关系。

表6-4　感烟、感温探测器的保护面积和保护半径

火灾探测器的种类	地面面积 S（m²）	房间高度 h（m）	一只探测器的保护面积 A 和保护半径 R					
			屋顶坡度 θ					
			$\theta \leqslant 15°$		$15° < \theta \leqslant 30°$		$\theta > 30°$	
			A（m²）	R（m）	A（m²）	R（m）	A（m²）	R（m）
感烟探测器	$S \leqslant 80$	$h \leqslant 12$	80	6.7	80	7.2	80	8.0
	$S > 80$	$6 < h \leqslant 12$	80	6.7	100	8.0	120	9.9
		$h \leqslant 6$	60	5.8	80	7.2	100	9.0
感温探测器	$S \leqslant 30$	$h \leqslant 8$	30	4.4	30	4.9	30	5.5
	$S > 30$	$h \leqslant 8$	20	3.6	30	4.9	40	6.3

另外，通风换气对感烟探测器的面积有影响。常用的补偿方法有两种：一是压缩每只探测器的保护面积；二是增大探测器的灵敏度，但要注意防误报。感烟探测器的换气系数，如表6-5所示，可根据房间每小时换气次数（N'），将探测器的保护面积乘以一个压缩系数。

表6-5　感烟探测器保护面积的压缩系数表

每小时换气次数 N'	保护面积的压缩系数	每小时换气次数 N'	保护面积的压缩系数
$10 < N' \leqslant 20$	0.9	$40 < N' \leqslant 50$	0.6
$20 < N' \leqslant 30$	0.8	$50 < N'$	0.5
$30 < N' \leqslant 40$	0.7		

3）探测器布置

探测器布置及安装的合理与否，直接影响其保护效果。一般火灾探测器应安装在屋内吊顶棚表面或顶棚内部（没有吊顶棚的场合，安装在室内顶棚表面上）。考虑到维护管理的方便，其安装面的高度不宜超过 20 m。在布置探测器时，首先要考虑安装间距如何确定，同时考虑梁的影响及特殊场合探测器的安装要求。

4）探测器安装间距的确定

在探测器周围 0.5 m 之内，不应有遮挡物。探测器至墙（梁边）的水平距离，不应小于 0.5 m，如图6-1所示。

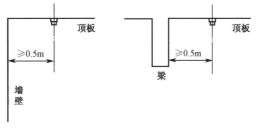

图6-1　探测器在顶棚下安装时与墙或梁的距离

安装间距的确定——探测器在房间中布置时，如果是多只探测器，那么两只探测器的水平距离及垂直距离称为安装间距，分别用 a 和 b 表示。安装间距的确定方法如下：

（1）计算法：根据从探测器的保护面积和保护半径表中查得的 A 和 R，计算 $D=2R$；根据所计算的 D 值的大小及对应的保护面积 A 在"探测器安装间距的极限曲线"图（图6-2）中曲线中的粗实线上（即由 D 值所包围部分）取一点，此点所对应的数即为安装间距 a 和 b 值。注意实际布置距离应不大于查得的 a、b 值。具体布置后，应检验探测器到最远点的水平距离是否超过了探测器的保护半径，如超过，则应重新布置或增加探测器的数量。

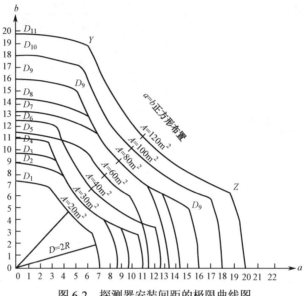

图6-2　探测器安装间距的极限曲线图

（2）经验法：因为对于一般点型探测器的布置为均匀布置法，因此可以根据工程实际经验总结探测器安装距离的计算方法，具体公式如下：

横向间距 a=该房间（探测区域）的长度/（横向安装间距个数+1）=该房间的长度/横向探测器个数；

纵向间距 b=该房间（探测区域）的宽度/（纵向安装间距个数+1）=该房间的宽度/纵向探测器个数；

由此可见，这种方法不需查表可方便求出 a、b 值，然后与前布置相同就可以了。根据人们的实际工作经验，推荐由保护面积和保护半径决定最佳安装间距的选择表，如表6-6所示，供设计参考。

表6-6　由保护面积和保护半径决定最佳安装间距选择表

探测器种类	保护面积 A（m²）	保护半径 R 的极限值（m）	参照的极限曲线	最佳安装间距 a、b 及其保护半径 R 值（m）									
				$a_1 \times b_1$	R_1	$a_2 \times b_2$	R_2	$a_3 \times b_3$	R_3	$a_4 \times b_4$	R_4	$a_5 \times b_5$	R_5
感温探测器	20	3.6	D_1	4.5×4.5	3.2	5.0×4.0	3.2	5.5×3.6	3.3	6.0×3.3	3.4	6.5×3.1	3.6
	30	4.4	D_2	5.5×5.5	3.9	6.1×4.9	3.9	6.7×4.8	4.1	7.3×4.1	4.2	7.9×3.8	4.4
	30	4.9	D_3	5.5×5.5	3.9	6.5×4.6	4.0	7.4×4.1	4.2	8.4×3.6	4.6	9.2×3.2	4.9
	30	5.5	D_4	5.5×5.5	3.9	6.8×4.4	4.0	8.1×3.7	4.5	9.4×3.2	5.0	10.6×2.8	5.5
	40	6.3	D_6	6.5×6.5	4.6	8.0×5.0	4.7	9.4×4.3	5.2	10.9×3.7	5.8	12.2×3.3	6.3

探测器种类	保护面积 A (m²)	保护半径 R 的极限值 (m)	参照的极限曲线	最佳安装间距 a、b 及其保护半径 R 值（m）									
				$a_1 \times b_1$	R_1	$a_2 \times b_2$	R_2	$a_3 \times b_3$	R_3	$a_4 \times b_4$	R_4	$a_5 \times b_5$	R_5
感烟探测器	60	5.8	D_5	7.7×7.7	5.4	8.3×7.2	5.5	8.8×6.8	5.6	9.4×6.4	5.7	9.9×6.1	5.8
	80	6.7	D_7	9.0×9.0	6.4	9.6×8.3	6.3	10.2×7.8	6.4	10.8×7.4	6.5	11.4×7.0	6.7
	80	7.2	D_8	9.0×9.0	6.4	10.0×8.0	6.4	11.0×7.3	6.6	12.0×6.7	6.9	13.0×6.1	7.2
	80	8.0	D_9	9.0×9.0	6.4	10.6×7.5	6.5	12.1×6.6	6.9	13.7×5.8	7.4	15.4×5.3	8.0
	100	8.0	D_9	10.0×10.0	7.1	11.1×9.0	7.1	12.2×8.2	7.3	13.3×7.5	7.6	14.4×6.9	8.0
	100	9.0	D_{10}	10.0×10.0	7.1	11.8×8.5	7.3	13.5×7.4	7.7	15.3×6.5	8.3	17.0×5.9	9.0
	120	9.9	D_{11}	11.0×11.0	7.8	13.0×9.2	8.0	14.9×8.1	8.5	16.9×7.1	9.2	18.7×6.4	9.9

注：在较小面积的场所（S≤80 m²），探测器尽量居中布置，使保护半径较小，探测效果较好。

5）梁对探测器影响

房间高度在 5 m 以下，感烟探测器在梁高小于 200 mm 时无须考虑梁的影响；房间高度在 5 m 以上，当梁高在 200～600 mm 时，探测器的保护面积受梁的影响，可按图 6-3 所示的线性关系考虑，当梁高大于 600 mm 时，被梁阻断的部分需要单独划为一个探测区域，即每个梁间区域应至少设置一只探测器。当探测器的保护面积受梁的影响时，查表 6-7 可知一只探测器能够保护的梁间区域的个数。

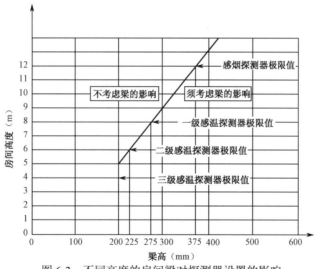

图 6-3　不同高度的房间梁对探测器设置的影响

表 6-7　按梁间区域确定一只探测器能够保护的梁间区域的个数

探测器的类型	保护面积 A (m²)	梁隔断的梁间区域面积 Q (m²)	一只探测器保护的梁间区域的个数
感温探测器	20	$Q>12$	1
		$8<Q<12$	2
		$6<Q<8$	3
		$4<Q<6$	4
		$Q<4$	5

续表

探测器的类型	保护面积 A（m²）	梁隔断的梁间区域面积 Q（m²）	一只探测器保护的梁间区域的个数
感温探测器	30	$Q>18$	1
		$12<Q\leqslant18$	2
		$9<Q\leqslant12$	3
		$6<Q\leqslant9$	4
		$Q\leqslant6$	5
感烟探测器	60	$Q>36$	1
		$24<Q\leqslant36$	2
		$18<Q\leqslant24$	3
		$12<Q\leqslant18$	4
		$Q<12$	5
	80	$Q>18$	1
		$32<Q\leqslant48$	2
		$24<Q\leqslant32$	3
		$16<Q\leqslant24$	4
		$Q<10$	5

当被梁阻断的区域面积超过一只探测器的保护面积时，则应将被阻断的区域视为一个探测区域，并应按规范的有关规定计算探测器的设置数量。探测区域的划分如图6-4所示。

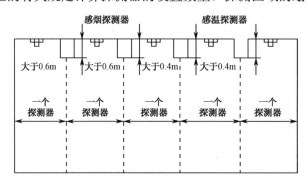

图6-4　探测区域的划分示意图

当梁间净距小于1 m时，可视为平顶棚。

如果探测区域内有过梁，当定温型感温探测器安装在梁上时，其探测器下端到安装面必须在0.3 m以内；当感烟型探测器安装在梁上时，其探测器下端到安装面必须在0.6 m以内，如图6-5所示。

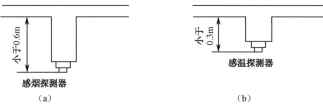

（a）　　　　　　　　　　　（b）

图6-5　探测器在梁下及安装时至顶棚的尺寸

3）探测器在一些特殊场合安装时的注意事项

（1）在宽度小于 3 m 的内走道的顶棚上设置探测器时，应居中布置。感温探测器的安装间距不应超过 10 m，感烟探测器的安装间距不应超过 15 m。探测器至端墙的距离，不应大于探测器安装间距的一半。建议在走道的交叉和汇合区域上，必须安装 1 只探测器，如图 6-6 所示。

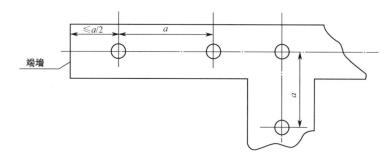

图 6-6 探测器布置在内走道顶棚上

（2）房间被书架、储藏架或设备等阻断分隔，当其顶部至顶棚或梁的距离小于房间净距的 5%时，则每个被隔开的部分至少应安装一只探测器，如图 6-7 所示。

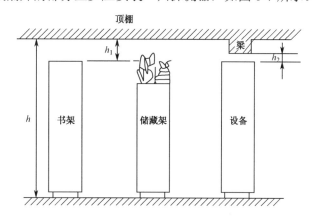

图 6-7 房间有书架、设备等分隔时探测器的设置（$h_1 \geqslant 5\%h$ 或 $h_2 \geqslant 5\%h$）

（3）在空调机房内，探测器应安装在离送风口 1.5 m 以上的地方，离多孔送风顶棚孔口的距离不应小于 0.5 m，如图 6-8 所示。

图 6-8 探测器装于有空调房间的位置示意图

（4）楼梯或斜坡道垂直距离每 15 m（三级灵敏度的火灾探测器为 10 m）至少应安装一只探测器。

（5）探测器宜水平安装，如需倾斜安装时，倾斜角不应大于 45°；当屋顶倾角大于 45°

时，应加木台或类似方法安装探测器，如图 6-9 所示。

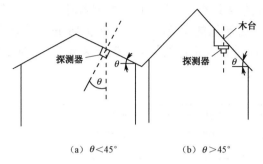

（a）$\theta < 45°$　　　　（b）$\theta > 45°$

图 6-9　探测器的安装角度
（θ 为屋顶的法线与垂直方向的夹角）

（6）在电梯井、升降机井设置探测器时，未按每层封闭的管道井等处，当屋顶坡度不大于 45° 时，其位置宜在井道上方的机房顶棚上，如图 6-10 所示。这种设置既有利于井道中火灾的探测，又便于日常检验维修。因为在电梯井、升降机井的提升井绳索的井道盖上通常有一定的开口，烟会顺着井绳冲到机房内部，为尽早探测火灾，规定用感烟探测器保护，且在顶棚上安装。

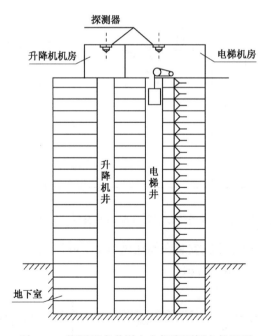

图 6-10　探测器在井道上方机房顶棚上的设置

（7）当房屋顶部有热屏障时，感烟探测器下表面距顶棚距离应符合表 6-8 的规定。

（8）顶棚较低（小于 2.2 m）、面积较小（不大于 10 m²）的房间，安装感烟探测器时，宜设置在入口附近。

（9）在楼梯间、走廊等处安装感烟探测器时，宜安装在不直接受外部风吹入的位置处。安装光电感烟探测器时，应避开日光或强光直射的位置。

表 6-8 感烟探测器下表面距顶棚（或屋顶）的距离

探测器的安装高度 A（m）	感烟探测下表面至顶棚或屋顶的距离 d（mm）					
	顶棚或屋顶坡度 θ					
	θ≤15°		15°＜θ≤30°		θ＞30°	
	最小	最大	最小	最大	最小	最大
h≤6	30	200	200	300	300	500
6＜h≤8	70	250	250	400	400	600
8＜h≤10	100	300	300	500	500	700
10＜h≤12	150	350	350	600	600	800

（10）在浴室、厨房、开水房等连接的走廊安装探测器时，应距其入口边缘 1.5 m。

（11）安装在顶棚上的探测器边缘与下列设施边缘的水平间距：与电风扇，不小于 1.5 m；与自动喷水灭火喷头，不小于 0.3 m；与防火卷帘、防火门，一般在 1～2 m 的适当位置；与多孔送风顶棚孔口，不小于 0.5 m；与不突出的扬声器，不小于 0.1 m；与照明灯具不小于 0.2 m；与高温光源灯具（如碘钨灯、容量大于 100 W 的白炽灯等），不小于 0.5 m。

（12）对于煤气探测器，在墙上安装时，应距煤气灶 4 m 以上，距地面 0.3 m；在顶棚上安装时，应距煤气灶 8 m 以上；当屋内有排气口时，允许装在排气口附近，但应距煤气灶 8 m 以上，当梁高大于 0.8 m 时，应装在煤气灶一侧；在梁上安装时，与顶棚的距离应小于 0.3 m。

（13）探测器在厨房中的设置。饭店的厨房常有大的煮锅、油炸锅等，具有很大的火灾危险性，如果过热或遇到高的火灾荷载更易引起火灾。定温式探测器适宜在厨房中使用，但应注意阻止煮锅喷出的一团团蒸气，可以在顶棚上使用隔板防止热气流冲击探测器，以减少或消除误报；而当发生火灾时的热量足以克服隔板使探测器发生报警信号，如图 6-11 所示。

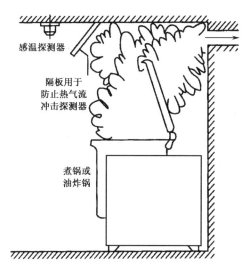

图 6-11 探测器在厨房中的设置

（14）探测器在带有网格结构的吊装顶棚场所下的设置。在宾馆等较大空间的场所，设有带网格或格条结构的轻质吊装顶棚，起到装饰或屏蔽作用。这种吊装顶棚允许烟进入其内部，并影响烟的蔓延，在此情况下设置探测器应根据网格面积来处理。

① 如果至少有一半以上的网格面积是通风的，可把烟的进入看成是开放式的，烟可以充分地进入顶棚内部，只在吊装顶棚内部设置感烟探测器，探测器的保护面积除考虑火灾危险性外，仍按保护面积与房间高度的关系考虑，如图 6-12 所示。

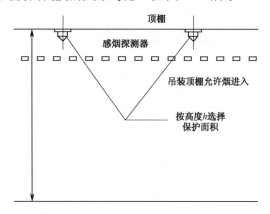

图 6-12　探测器在吊装顶棚中的设置

② 如果网格结构的吊装顶棚开孔面积相当小（一半以上顶棚面积被覆盖），则可看成是封闭式顶棚，在顶棚上方和下方空间须单独监视。尤其是当阴燃火发生时，产生热量极少，不能提供充足的热气流推动烟的蔓延，烟达不到顶棚中的探测器，此时可采取二级探测方式，如图 6-13 所示。在吊装顶棚下方采用光电感烟探测器，对阴燃火响应较好；在吊装顶棚上方，采用离子感烟探测器，对明火响应较好。每只探测器的保护面积仍按火灾危险度及地板和顶棚之间的距离确定。

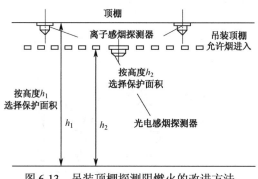

图 6-13　吊装顶棚探测阴燃火的改进方法

（15）下列场所可不设置探测器：

① 厕所、浴室及其类似场所；

② 不能有效探测火灾的场所；

③ 不便维修、使用（重点部位除外）的场所。

关于线型红外光束感烟探测器、热敏电缆线型探测器、空气管线型差温探测器的布置与上述不同，这里不进行具体介绍。

4. 火灾应急广播设计要求

《火灾自动报警系统设计规范》中第 5.4 条要求如下：

5.4.1 控制中心报警系统应设置火灾应急广播，集中报警系统宜设置火灾应急广播。

5.4.2 火灾应急广播扬声器的设置，应符合下列要求：

5.4.2.1 民用建筑内扬声器应设置在走道和大厅等公共场所。每个扬声器的额定功率不应小于 3 W，其数量应能保证从一个防火分区内的任何部位到最近一个扬声器的距离不大于 25 m。走道内最后一个扬声器至走道末端的距离不应大于 12.5 m。

5.4.2.2 在环境噪声大于 60 dB 的场所设置的扬声器，在其播放范围内最远点的播放声压级应高于背景噪声 15 dB。

5.4.2.3 客房设置专用扬声器时，其功率不宜小于 1.0 W。

5.4.3 火灾应急广播与公共广播合用时，应符合下列要求：

5.4.3.1 火灾时应能在消防控制室将火灾疏散层的扬声器和公共广播扩音机强制转入火灾应急广播状态。

5.4.3.2 消防控制室应能监控用于火灾应急广播时的扩音机的工作状态，并应具有监控遥控开启扩音机和采用传声器播音的功能。

5.4.3.3 床头控制柜内设有服务性音乐广播扬声器时，应有火灾应急广播功能。

5.4.3.4 应设置火灾应急广播备用扩音机，其容量不应小于火灾时需同时广播的范围内火灾应急广播扬声器最大容量总和的 1.5 倍。

5. 火灾报警装置设计要求

《火灾自动报警系统设计规范》中第 5.5 条要求如下：

5.5.1 未设置火灾应急广播的火灾自动报警系统，应设置火灾警报装置。

5.5.2 每个防火分区至少应设一个火灾警报装置，其位置宜设在各楼层走道靠近楼梯出口处。警报装置宜采用手动或自动控制方式。

5.5.3 在环境噪声大于 60 dB 的场所设置火灾警报装置时，其警报器的声压级应高于背景噪声 15 dB。

6. 消防专用电话设计要求

《火灾自动报警系统设计规范》中第 5.6 条要求如下：

5.6.1 消防专用电话网络应为独立的消防通信系统。

5.6.2 消防控制室应设置消防专用电话总机，且宜选择共电式电话总机或对讲通信电话设备。

5.6.3 电话分机或电话塞孔的设置，应符合下列要求：

5.6.3.1 下列部位应设置消防专用电话分机：

（1）消防水泵房、备用发电机房、配变电室、主要通风和空调机房、排烟机房、消防电梯机房及其他与消防联动控制有关的且经常有人值班的机房。

（2）灭火控制系统操作装置处或控制室。

（3）企业消防站、消防值班室、总调度室。

5.6.3.2 设有手动火灾报警按钮、消火栓按钮等处宜设置电话塞孔。电话塞孔在墙上安装时，其底边距地面高度宜为 1.3～1.5 m。

5.6.3.3 特级保护对象的各避难层应每隔 20 m 设置一个消防专用电话分机或电话塞孔。

5.6.4 消防控制室、消防值班室或企业消防站等处，应设置可直接报警的外线电话。

7. 系统接地设计要求

《火灾自动报警系统设计规范》中第 5.7 条要求如下：

5.7.1 火灾自动报警系统接地装置的接地电阻值应符合下列要求：

5.7.1.1 采用专用接地装置时，接地电阻值不应大于 4 Ω；

5.7.1.2 采用共用接地装置时，接地电阻值不应大于 1 Ω。

5.7.2 火灾自动报警系统应设专用接地干线，并应在消防控制室设置专用接地板。专用接地干线应从消防控制室专用接地板引至接地体。

5.7.3 专用接地干线应采用铜芯绝缘导线，其线芯截面面积不应小于 25 mm²。专用接地干线宜穿硬质塑料管埋设至接地体。

5.7.4 由消防控制室接地板引至各消防电子设备的专用接地线应选用铜芯绝缘导线，其线芯截面面积不应小于 4 mm²。

5.7.5 消防电子设备凡采用交流供电时，设备金属外壳和金属支架等应作保护接地，接地线应与电气保护接地干线（PE 线）相连接。

8. 消防联动控制设计要求

消防控制设备的控制方式应根据建筑的形式、工程规模、管理体制及功能要求综合确定，一般单体建筑采用集中控制，而大型建筑群采用分散与集中相结合控制。具体消防联动控制设计要求如《火灾自动报警系统设计规范》中第 5.3 条规定；消防联动控制功能要求如《火灾自动报警系统设计规范》中第 6.3 条规定。

5.3.1 当消防联动控制设备的控制信号和火灾探测器的报警信号在同一总线回路上传输时，其传输总线的敷设应符合《火灾自动报警系统设计规范》第 10.2.2 条规定。

5.3.2 消防水泵、防烟和排烟风机的控制设备当采用总线编码模块控制时，还应在消防控制室设置手动直接控制装置。

5.3.3 设置在消防控制室以外的消防联动控制设备的动作状态信号，均应在消防控制室显示。

6.3.1 消防控制室的控制设备应有下列控制及显示功能：

6.3.1.1 控制消防设备的启、停，并应显示其工作状态。

6.3.1.2 消防水泵、防烟和排烟风机的启、停，除自动控制外，还应能手动直接控制。

6.3.1.3 显示火灾报警、故障报警部位。

6.3.1.4 显示保护对象的重点部位、疏散通道及消防设备所在位置的平面图或模拟图等。

6.3.1.5 显示系统供电电源的工作状态。

6.3.1.6 消防控制室应设置火灾警报装置与应急广播的控制装置，其控制程序应符合下列要求：

（1）二层及以上的楼房发生火灾，应先接通着火层及其相邻的上、下层；

（2）首层发生火灾，应先接通本层、二层及地下各层；

（3）地下室发生火灾，应先接通地下各层及首层；

（4）含多个防火分区的单层建筑，应先接通着火的防火分区及其相邻的防火分区；

6.3.1.7 消防控制室的消防通信设备，应符合《火灾自动报警系统设计规范》第 5.6.2～5.6.4 条的规定。

6.3.1.8 消防控制室在确认火灾后，应能切断有关部位的非消防电源，并接通警报装置及火灾应急照明灯和疏散标志灯；

6.3.1.9 消防控制室在确认火灾后，应能控制电梯全部停于首层，并接收其反馈信号。

6.3.2 消防控制设备对室内消火栓系统应有下列控制、显示功能：

6.3.2.1 控制消防水泵的启、停；

6.3.2.2 显示消防水泵的工作、故障状态；

6.3.2.3 显示启泵按钮的位置。

6.3.3 消防控制设备对自动喷水和水喷雾灭火系统应有下列控制、显示功能：

6.3.3.1 控制系统的启、停；

6.3.3.2 显示消防水泵的工作、故障状态；

6.3.3.3 显示水流指示器、报警阀、安全信号阀的工作状态。

6.3.4 消防控制设备对管网气体灭火系统应有下列控制、显示功能：

6.3.4.1 显示系统的手动、自动工作状态；

6.3.4.2 在报警、喷射各阶段，控制室应有相应的声、光警报信号，并能手动切除声响信号；

6.3.4.3 在延时阶段，应自动关闭防火门、窗，停止通风空调系统，关闭有关部位防火阀；

6.3.4.4 显示气体灭火系统防护区的报警、喷放及防火门（帘）、通风空调等设备的状态。

6.3.5 消防控制设备对泡沫灭火系统应有下列控制、显示功能：

6.3.5.1 控制泡沫泵及消防水泵的启、停；

6.3.5.2 显示系统的工作状态。

6.3.6 消防控制设备对干粉灭火系统应有下列控制、显示功能：

6.3.6.1 控制系统的启、停；

6.3.6.2 显示系统的工作状态。

6.3.7 消防控制设备对常开防火门的控制，应符合下列要求：

6.3.7.1 门任一侧的火灾探测器报警后，防火门应自动关闭；

6.3.7.2 防火门关闭信号应送到消防控制室。

6.3.8 消防控制设备对防火卷帘的控制，应符合下列要求：

6.3.8.1 疏散通道上的防火卷帘两侧，应设置火灾探测器组及其警报装置，且两侧应设置手动控制按钮；

6.3.8.2 疏散通道上的防火卷帘，应按下列程序自动控制下降：

（1）感烟探测器动作后，卷帘下降至距地（楼）面 1.8 m；

（2）感温探测器动作后，卷帘下降到底；

6.3.8.3 用作防火分隔的防火卷帘，火灾探测器动作后，卷帘应下降到底；

6.3.8.4 感烟、感温火灾探测器的报警信号及防火卷帘的关闭信号应送至消防控制室。

6.3.9 火灾报警后，消防控制设备对防烟、排烟设施应有下列控制、显示功能：

6.3.9.1 停止有关部位的空调送风，关闭电动防火阀，并接收其反馈信号；

6.3.9.2 启动有关部位的防烟和排烟风机、排烟阀等，并接收其反馈信号；

6.3.9.3 控制挡烟垂壁等防烟设施。

9. 消防控制室设计要求

《火灾自动报警系统设计规范》中第 6.2 条要求如下：

6.2.1 消防控制室的门应向疏散方向开启，且入口处应设置明显的标志。

6.2.2 消防控制室的送、回风管在其穿墙处应设防火阀。

6.2.3 消防控制室内严禁与其无关的电气线路及管路穿过。

6.2.4 消防控制室周围不应布置电磁场干扰较强及其他影响消防控制设备工作的设备用房。

6.2.5 消防控制室内设备的布置应符合下列要求：

6.2.5.1 设备面盘前的操作距离：单列布置时不应小于 1.5 m；双列布置时不应小于 2 m。

6.2.5.2 在值班人员经常工作的一面，设备面盘至墙的距离不应小于 3 m。

6.2.5.3 设备面盘后的维修距离不宜小于 1 m。

6.2.5.4 设备面盘的排列长度大于 4 m 时，其两端应设置宽度不小于 1 m 的通道。

6.2.5.5 集中火灾报警控制器或火灾报警控制器安装在墙上时，其底边距地面高度宜为 1.3～1.5 m，其靠近门轴的侧面距墙不应小于 0.5 m，正面操作距离不应小于 1.2 m。

10. 系统供电设计要求

《火灾自动报警系统设计规范》中第 9 条规定如下：

9.1 火灾自动报警系统应设有主电源和直流备用电源。

9.2 火灾自动报警系统的主电源应采用消防电源，直流备用电源宜采用火灾报警控制器的专用蓄电池或集中设置的蓄电池。当直流备用电源采用消防系统集中设置的蓄电池时，火灾报警控制器应采用单独的供电回路，并应保证在消防系统处于最大负载状态下不影响报警控制器的正常工作。

9.3 火灾自动报警系统中的 CRT 显示器、消防通信设备等的电源，宜由 UPS 装置供电。

9.4 火灾自动报警系统主电源的保护开关不应采用漏电保护开关。

11. 布线设计要求

《火灾自动报警系统设计规范》中第 10 条规定如下：

10.1 一般规定

10.1.1 火灾自动报警系统的传输线路和 50 V 以下供电的控制线路，应采用电压等级不低于交流 250 V 的铜芯绝缘导线或铜芯电缆。采用交流 220/380 V 的供电和控制线路应采用电压等级不低于交流 500 V 的铜芯绝缘导线或铜芯电缆。

10.1.2 火灾自动报警系统的传输线路的线芯截面选择，除应满足自动报警装置技术条件的要求外，还应满足机械强度的要求。铜芯绝缘导线、铜芯电缆线芯的最小截面面积不应小于表 6-9 的规定。

表 6-9 铜芯绝缘导线和铜芯电缆的线芯最小截面面积

类别	线芯最小截面面积（mm²）
穿管敷设的绝缘导线	1.00
线槽内敷设的绝缘导线	0.75
多芯电缆	0.50

10.2　屋内布线

10.2.1　火灾自动报警系统的传输线路应采用穿金属管、经阻燃处理的硬质塑料管或封闭式线槽保护方式布线。

10.2.2　消防控制、通信和警报线路采用暗敷设时，宜采用金属管或经阻燃处理的硬质塑料管保护，并应敷设在不燃烧体的结构层内，且保护层厚度不宜小于 30 mm。当采用明敷设时，应采用金属管或金属线槽保护，并应在金属管或金属线槽上采取防火保护措施。采用经阻燃处理的电缆时，可不穿金属管保护，但应敷设在电缆竖井或吊顶内有防火保护措施的封闭式线槽内。

10.2.3　火灾自动报警系统用的电缆竖井，宜与电力、照明用的低压配电线路电缆竖井分别设置。如受条件限制必须合用时，两种电缆应分别布置在竖井的两侧。

10.2.4　从接线盒、线槽等处引到探测器底座盒、控制设备盒、扬声器箱的线路均应加金属软管保护。

10.2.5　火灾探测器的传输线路，宜选择不同颜色的绝缘导线或电缆。正极"+"线应为红色，负极"−"线应为蓝色。同一工程中相同用途导线的颜色应一致，接线端子应有标号。

10.2.6　接线端子箱内的端子宜选择压接或带锡焊接点的端子板，其接线端子上应有相应的标号。

10.2.7　火灾自动报警系统的传输网络不应与其他系统的传输网络合用。

综合设计实例　某综合性服务大楼消防系统设计

对于消防相关人员，通过具体实例识读，可以更快了解掌握消防系统，为系统的安装、调试、验收及维护等工作做好前期准备，而对于消防设计人员，通过读图可以更快、更好掌握建筑消防系统的设计。

1．设计方案编制

设计方案是消防系统各组成部分的设备选型及配置方案，比设计说明更详细地阐述消防系统各部分的设备配置及配置原则。设计方案也是投标文件的核心内容之一。以下是一个工程的设计方案实例。

1）工程概况

本工程为×××综合性服务大楼。地下一层为娱乐及设备用房；首层为招待所的大堂、展厅、接待用餐厅厨房等，临街为银行及开票用房；二层为公司办公室、贵宾室及接待用包间；三、四、五、六层为招待所，其中四层设大会议室一间。结构形式分为两种：首层大堂及厂区大门雨篷部分结构形式为钢结构，其余建筑主体部分为框架结构，楼板为现浇。总建筑面积为 12 698 mm，其中地下室为 1 796 mm。以上可知本工程为一类防火建筑，火灾自动报警系统的保护等级按一级设置。

2）设计依据

（1）国家标准和规范：《火灾自动报警系统设计规范》（GB 50116—1998）、《火灾自动报警系统施工及验收规范》（GB 50166—2007）、《高层民用建筑设计防火规范》（GB 50045—2005）、

《建筑设计防火规范》（GB 50016—2006）、《民用建筑电气设计规范》（JGJ 16—2008）、《自动喷水灭火系统设计规范》（GB 50084—2001）（2005 年版）、《自动喷水灭火系统施工及验收规范》（GB 50261—2005），以及涉及的其他现行相关国家规范、产品标准和地方法规。

（2）建筑土建和其他专业提供的资料及甲方提供的有关文件。

3）设计原则

（1）先进性。本工程提供的消防自动报警系统在满足系统运行要求的前提下，采用成熟的先进技术，系统的设备配置与选型，是目前在该领域内较先进的系统。符合火灾报警、计算机技术和网络通信技术的发展趋势，系统设备具有灵活、简便的特点，保证了在今后相当长的一段时间内不需更新换代。

（2）开放性。系统遵循开放系统的原则，提供符合国际标准的软件、硬件、通信、网络、操作系统和数据库管理系统等诸方面的接口和工具，使系统具备良好的灵活性、兼容性、扩展性和可移植性。

本工程所选用的产品均采用国际国内先进标准，产品设计符合国家标准、美国 UL 标准、欧洲 EN 系列标准、IEC/ISO 系列国际标准。在器件选型方面，大量采用 CE 认证和 UL 认证部件，充分保证其可靠性。

火灾自动报警系统还可通过 RS485、RS232、RJ45 标准通信接口向其他系统（DCS 系统、ESD 系统、CCTV 等）提供火警信息，可提供 MODBUS RTU、TCP/IP 等标准通信协议与其他系统进行集成。

（3）抗干扰性。系统具备长期和稳定工作的能力，具有较强的抗干扰能力。

① 产品设计参考了各行业的相关标准和 IEC 标准，在电磁兼容设计方面，采用滤波、屏蔽和浪涌吸收等设计方法，抗辐射电磁场性能可达成 20 V/m，是消防电子产品抗辐射电磁场性能指标的 2 倍，符合 IEC 标准及国家有关标准规范的要求。可有效防止大气过电压、电磁波、无线电和静电等干扰侵入系统内部，造成系统设备的损坏和误动作。

② 火灾自动报警系统信号总线采用对绞屏蔽电缆、电源线采用屏蔽双芯电缆，可有效抑制环境中的强电磁干扰，保证系统的可靠运行。

③ 火灾自动报警系统现场信号总线采用专用的数字化总线技术（发明专利：0212900.4），该技术通过计算机直接编码，采用位校验模式，利用中断方式传输报警信息，其数据通道流量小，纠错能力强，且具有很高的抗电磁干扰能力。

（4）扩展性。该工程的火灾报警控制器适用于大、中、小型火灾自动报警系统的要求。控制器与探测器之间采用无极性信号二总线连接，控制器与各类编码模块采用四总线连接（无极性信号二总线、DC24V 电源线）。

火灾报警控制器具有较强的扩展能力，各信号总线回路板采用拔插式设计，系统容量扩充简单、方便。火灾报警控制器的任一地址编码点，即可由编码火灾探测器占用，也可由编码模块占用。根据工程情况，可配置多块多线制控制盘，完成对消防控制系统中重要设备的控制。GST5000 系列控制器容量可扩展到 20 个 242 地址编码点回路，最大容量为 4840 个地址编码点。

4）系统设计内容

根据该工程对火灾自动报警及消防联动控制系统的要求，经过认真细致的研究和论证，

本方案采用控制中心报警系统。

火灾自动报警系统由设在该综合楼弱电机房内的 GST5000 台柜式火灾报警控制器（联动型）、消防控制室 CRT 彩色显示系统、消防应急广播系统、消防电话系统和现场设备等组成，负责本工程的火灾预警、火警及消防指挥调度工作。现场设备包括各类火灾探测器、手动报警按钮、输入模块、输入/输出模块、隔离模块、消火栓报警按钮等。

联动控制系统采用总线制联动与多线制联动方式相结合的方式。总线制联动控制系统通过连接在信号总线上的各类控制及监视模块对防排烟系统、空调送风系统及消防水系统进行自动或手动控制。在自动状态下，火灾报警控制器自动通过预先编制好的联动逻辑关系发出控制命令，打开排烟阀、排烟风机、消防水泵，关闭防火阀，空调送风等设备；在手动状态下，通过总线制手动盘上的操作按钮启停相关设备。多线制联动控制系统采用多线制控制盘对重要的消防设备（如消防泵、排烟风机等）进行直接可靠控制。从控制室多线制控制盘到每台设备引出一根联动控制电缆，通过多线制控制盘上的启动\停止按钮对消防设备进行直接操作。在自动状态下，自动通过火灾报警控制器预先编制好的联动逻辑关系发出控制命令，打开排烟风机、消防水泵等设备；在手动状态下，通过多线制控制盘上的操作按钮启停相关设备。

（1）消火栓系统联动

① 消火栓报警按钮设置在消火栓箱内，采用 J-SAM-GST9123 型编码消火栓按钮。启动消火栓时，可按下按钮上的有机玻璃片，启动消防水泵，同时向报警控制器发出泵启动信号，控制器在确认消火栓泵启动后点亮按钮上的泵运行指示灯。

② 对消火栓泵的总线制联动采用 GST-LD-8303 型输入/输出模块，通过报警控制器对消火栓泵进行自动或者手动启停，并采集其反馈信号。

③ 对消火栓泵的多线制联动采用 LD-KZ014 多线制控制盘，多线制控制盘采用直接硬拉线方式对消火栓泵进行启停控制。

（2）自动喷淋灭火系统联动

① 对水流指示器、信号蝶阀、湿式报警阀（湿式灭火系统适用）采用 GST-LD-8300 型输入模块，火灾时采集其反馈信号。

② 对雨淋阀及预作用阀（干式灭火系统适用）采用 GST-LD-8301 型输入/输出模块，发生火灾时打开，并采集其反馈信号。

③ 对喷淋泵的总线制联动采用 GST-LD-8303 型输入/输出模块，通过报警控制器对喷淋水泵进行自动或者手动启停，并采集其反馈信号。

对喷淋泵的多线制联动采用 LD-KZ014 多线制控制盘，多线制控制盘采用直接硬拉线方式对排烟风机进行启停控制。

（3）防排烟系统联动

① 对防火阀采用 GST-LD-8300 型输入模块，火灾时采集防火阀的反馈信号。

② 对排烟阀采用 GST-LD-8301 型输入/输出模块，火灾时打开，并采集其反馈信号。

③ 对排烟风机的总线制联动采用 GST-LD-8303 型输入/输出模块，通过报警控制器对排烟风机进行自动或者手动启停，并采集其反馈信号。

④ 对排烟风机的多线制联动采用 LD-KZ014 多线制控制盘，多线制控制盘采用直接硬拉线方式对排烟风机进行启停控制。

（4）消防电话系统

消防电话系统是消防专用的通信系统，通过消防电话系统可迅速实现对火灾现场的人工确认，并可及时掌握火灾现场情况及进行其他必要的通信联络，便于指挥灭火及恢复工作。

本系统采用总线制消防电话系统，在消防控制中心设置一台消防电话主机。在经常有人值守的与消防联动有关的机房设置消防电话分机。在设有手动报警按钮的地方设置电话插孔（本系统手动报警按钮带电话插孔）。

电话总机容量满足火灾自动报警及消防联动系统要求。另外在控制室设置一部直拨外线电话，可直接拨通当地 119 火灾报警电话以及主要负责人的电话或传呼。

① 系统组成。GST-TS9000 消防电话系统满足《消防联动控制系统》（GB 16806—2006）中对消防电话的要求，是一套总线制消防电话系统。总线制消防电话系统由消防电话总机、火灾报警控制器（联动型）、消防电话接口、固定消防电话分机、消防电话插孔、手提消防电话分机等设备构成，系统主要设备如下：

GST-TS-Z01A 型消防电话总机；GST-TS-100A/100B 型消防电话分机；GST-LD-8312 型消防电话插孔；GST-LD-8304 型消防电话接口，具体接线如图 6-14 所示。

② 设备布置原则。消防控制室设置消防专用电话总机；在消防控制室、企业消防站、总调度室、消防泵房、备用发电机房、配变电室、主要通风和空调机房、排烟机房、消防电梯间及其他与消防联动控制有关且经常有人值班的机房等重要场所设置固定式消防电话分机；设有手动火灾报警按钮、消火栓按钮等处设置消防电话插孔；消防控制室、消防值班室等处设有直接报警的外线电话。

③ 配置说明。每台电话主机最多可连接 90 路消防电话分机或 2 100 个消防电话插孔。

GST-LD-8304 型消防电话接口可连接一台固定消防电话分机或最多连接 25 只消防电话插孔。

（5）消防应急广播系统

消防应急广播系统是火灾逃生疏散和灭火指挥的重要设备，在整个消防控制管理系统中起着及其重要作用。

当发生火灾时，火灾报警控制器通（联动型）过自动或人工方式接通着火的防火分区及其相邻的防火分区的广播音箱进行火警紧急广播，进行人员疏散、指挥现场人员有效、快速的灭火，减少损失。

① 系统组成。GST-GF9000 是总线制消防应急广播系统，完全满足《消防联动控制系统》（GB 16806—2006）要求，系统主要由音源设备、广播功率放大器、广播分配盘、火灾报警控制器（联动型）、消防广播输出模块、音箱等设备构成。系统主要设备如下：

GST-CD 型 CD 录放盘；GST-GF300/150 广播功率放大器；GST-GBFB200 广播分配盘；GST-LD-8305 输出模块；YXG3-3、YXJ3-4A 室内扬声器，具体接线如图 6-15 所示。

② 设备布置原则

在经常有人出入的走道和大厅等公共场所设置扬声器。每个扬声器的额定功率≥3 W。保证从一个防火分区的任何部位到最近一个扬声器的距离不大于 25 m。走道内最后一个扬声器至走道末端的距离不大于 12.5 m。在环境噪声大于 60 dB 的场所设置扬声器，其播放范围内最远点的播放声压级应高于背景噪声 15 dB。

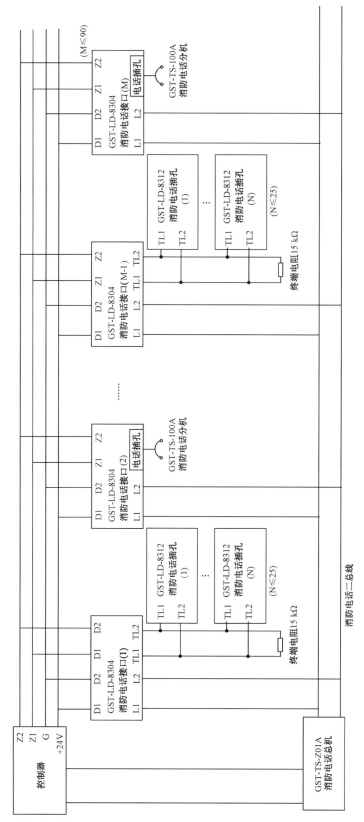

图6-14 总线制消防电话系统接线示意图

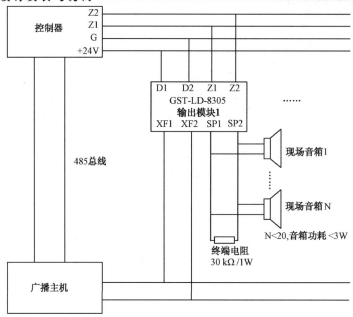

图 6-15　消防应急广播系统接线示意图

③ 配置说明

◆ 广播区域应根据防火分区设置，设置原则为每个防火分区至少设置一个消防广播输出模块。

◆ 每个消防广播输出模块可接入音箱总功率 60 W。

◆ 依据广播分区数量确定广播分配盘，GST-GBFB-200 广播分配盘主盘为 30 个分区，最多可增加两个扩展盘，可达 90 个分区。

◆ GST-GBFB-200 广播分配盘主盘可级联两个功率放大器，提供两条广播干线。

（6）消防电源

① 火灾自动报警系统采用主电源和直流备用电源两种供电方式。主电源采用消防电源，由业主提供，在末端自动切换后接入电源盘。直流备用电源采用蓄电池。备用电源和主电源可以自动切换，以保证控制器正常工作。

② 本工程的电源系统选用 GST-LD-D02 型智能电源盘。GST-LD-D02 型智能电源盘由交直流转换电路、备用电源浮充控制电路及电源监控电路 3 个部分组成，专门为整个消防联动控制系统供电。

③ GST-LD-D02 型智能电源盘以交流 220 V 作为主电源，同时可外接 DC24V/24Ah 蓄电池作为备电。备用电源正常时接受主电源充电，当现场交流掉电时，备用电源自动导入为外部设备供电。智能电源盘可对主电故障及输出故障进行报警，当交流 220 V 主电源掉电时，报主电故障；当输出发生短路、断路或输出电流跌落时，报输出故障。同时还设有电池过充及过放保护功能。电源监控部分用来指示当前正在使用哪一路电源、交流输入的电压值及输出电压值，以及各类故障及状态显示。

④ 在以柜式火灾报警控制器（联动型）作为控制核心的系统中，电源盘可作为联动控制系统的电源使用。

（7）系统接地

本工程接地采用共同接地体，接地电阻值小于 1 Ω，如接地电阻不符合，则加大接地极。系统设专用接地干线，并在控制室设置专用接地板，专用接地干线穿硬质塑料管从专用接地板引至接地体。专用接地干线采用铜芯绝缘导线，其线芯截面面积大于 25 mm²。由接地板引至各消防电子设备的专用接地线选用铜芯绝缘导线，其线芯截面面积大于 4 mm²。

消防电子设备凡采用交流供电时，设备金属外壳和金属支架等作保护接地，接地线与电气保护接地干线（PE 线）相连接。

（8）布线

火灾自动报警系统的传输线路采用穿金属管、经阻燃处理的硬质塑料管或封闭式线槽保护方式布线。消防控制、通信和警报线路采用暗敷设时，宜采用金属管或经阻燃处理的硬质塑料管保护，并应敷设在不燃烧体的结构层内，且保护层厚度不宜小于 30 mm。当采用明敷设时，采用金属管或金属线槽保护，并在金属管或金属线槽上采取防火保护措施。

2. 设计计算

1）探测器数量计算

根据《火灾自动报警系统设计规范》（GB 50116—1998）第 8.1.4 条规定如下：

$$N=S/(K \cdot A)$$

式中　　N——探测器数量（只），N 应取整数；

　　　　S——该探测区域面积（m²）；

　　　　A——探测器的保护面积（m²）；

　　　　K——修正系数，特级保护对象宜取 0.7～0.8，一级保护对象宜取 0.8～0.9，二级保护对象宜取 0.9～1.0。

确定本工程探测器配置如下。

（1）地下一层洗衣房内放置感温探测器 5 个，生活水箱间、机房、库房、按摩室等地方各放置 1 个感烟探测器，健身房内放置 4 个感烟探测器等；共计 5 个感温探测器和 50 个感烟探测器。

（2）一层厨房内放置感温探测器 6 个，各个包厢放置 1 个感烟探测器，各楼梯间放置 1 个感烟探测器，走道放置 6 个感烟探测器等；共计 6 个感温探测器和 35 个感烟探测器。

（3）二层各个办公室放置 1 个感烟探测器，各楼梯间放置 1 个感烟探测器，开敞办公室放置 9 个感烟探测器等；共计 43 个感烟探测器。

（4）三层电气间、弱电间放置 1 个感烟探测器，各楼梯间放置 1 个感烟探测器，走道放置 13 个感烟探测器；共计 17 个感烟探测器。

（5）四层电气间、弱电间放置 1 个感烟探测器，各楼梯间放置 1 个感烟探测器，走道放置 8 个感烟探测器，共计 13 个感烟探测器。

（6）五层同三层。

（7）六层电气间、弱电间放置 1 个感烟探测器，屋顶水箱间放置 1 个感烟探测器，各楼梯间放置 1 个感烟探测器，各电梯机房放置 1 个感烟探测器，走道放置 8 个感烟探测器；共计 16 个感烟探测器；

2）手动报警按钮、消防电话计算

根据《火灾自动报警系统设计规范》（GB 50116—1998）中第 8.3.1 条、第 8.3.2 条和第 5.6.1～5.6.4 条规定，确定本建筑物的地下一层设置 5 个手动报警按钮和 3 个消防电话，一层设置 7 个手动报警按钮，二层设置 6 个手动报警按钮，三层设置 6 个手动报警按钮，四层设置 6 个手动报警按钮，五层设置 6 个手动报警按钮，六层（加水箱间）设置 7 个手动报警按钮。

3）应急广播计算

根据《火灾自动报警系统设计规范》（GB 50116—1998）中第 5.4.1～5.4.3 条规定，确定本建筑物的地下一层设置 15 个应急广播，一层设置 14 个应急广播，二层设置 11 个应急广播，三层设置 10 个应急广播，四层设置 10 个应急广播，五层设置 11 个应急广播，六层设置 10 个应急广播。

3．施工图

1）设计说明

×××综合性服务大楼消防系统设计说明

一、工程概况

本工程为×××综合性服务大楼。地下一层为娱乐及设备用房；首层为招待所的大堂、展厅、接待用餐厅厨房等，临街为银行及开票用房；二层为公司办公室、贵宾室及接待用包间；三、四、五、六层为招待所，其中四层设大会议室一间。结构形式分为两种：首层大堂及厂区大门雨篷部分结构形式为钢结构，其余建筑主体部分为框架结构，楼板为现浇。总建筑面积为 12 698 mm，其中地下室 1 796 mm。以上可知本工程为一类防火建筑，火灾自动报警系统的保护等级按一级设置。

二、设计依据

1．国家标准和规范

（1）《火灾自动报警系统设计规范》（GB 50116—1998）；

（2）《火灾自动报警系统施工及验收规范》（GB 50166—2007）；

（3）《高层民用建筑设计防火规范》（GB 50045—2005）；

（4）《建筑设计防火规范》（GB 50016—2006）；

（5）《民用建筑电气设计规范》（JGJ 16—2008）；

（6）《自动喷水灭火系统设计规范》（GB 50084—2001）（2005 年版）；

（7）《自动喷水灭火系统施工及验收规范》（GB 50261—2005）；

（8）涉及的其他现行相关国家规范、产品标准和地方法规。

2．建筑土建和其他专业提供的资料及甲方提供的有关文件。

三、设计范围

电气设计：火灾自动报警系统及消防联动控制系统。

四、具体设计

本楼首层设有消防控制室，供本楼及单身宿舍楼使用。本楼弱电进线均由地下室弱电机房沿弱电线槽引入，分支线沿弱电线槽引至各房间室内，穿钢管暗敷于墙内、地面内。

---

1. 报警触发装置的设置如下：

（1）汽车库、厨房等处设点型感温探测器，其他场所均设点型光电感烟探测器；探测器至墙边、梁边的水平距离不小于 0.5 m，其周围 0.5 m 内，不得有遮挡物；

（2）消火栓箱内设消火栓按钮；

（3）各防火分区内均设有手动报警按钮。

2. 火灾应急广播及警报装置：

各防火分区内设置火灾应急广播和火灾声光报警器，柱上或墙上明装，由消防控制室控制不同时作用。

（1）火灾报警后，通过总线联动火警声光报警器。

（2）火灾确认后，自动接通应急广播控制机。

（3）为便于疏散，按程序自动进行选层广播，控制程序如下：

二层及以上的楼层发生火灾，先接通着火层及其相邻的上、下层；

首层发生火灾，先接通本层、二层及地下各层；

地下室发生火灾，先接通地下各层及首层。

（4）可在总线联动盘上进行分区控制并显示工作状态。

3. 消防通信设备设置：

（1）消防控制室内设可直接报警的 119 外线电话。

（2）消防控制室内设多线式消防电话总机。

（3）消防水泵房、柴油发电机房、变配电室、电梯机房、重要风机房等处设消防专用电话分机。

（4）手动火灾报警按钮处设置电话插孔。

4. 消火栓灭火系统：

（1）通过总线显示消防水池液位状态、显示启泵按钮所处的区位、自动控制消火栓水泵的启、停。

（2）另设置一组控制信号线作按钮起泵控制及反馈水泵运行信号用。

（3）在多线联动盘上进行手动直接控制并显示设备的工作、故障状态。

5. 自动喷水系统：

（1）通过总线自动控制系统的启、停；显示报警阀、压力开关、水流指示器、安全信号阀的工作状态。

（2）压力开关联动起泵。

（3）可在多线联动盘上进行手动直接控制并显示设备的工作、故障状态。

（4）控制预作用系统电磁阀，并反馈其状态信号。

6. 变电所气体灭火系统：

（1）通过报警总线显示该系统的手动、自动状态至消防控制中心；

（2）气体灭火控制盘在报警、喷射阶段可联动声、光报警，现场可手动切除声响信号；

（3）报警延时阶段，可联动关闭相关防火阀。灭火结束后，可联动打开相关电动阀。

7. 防排烟设施：

（1）通过总线监视各种防火阀的状态、监视防排烟风机的工作状态及故障信号。

（2）火灾报警后，通过总线联动关闭相关部位的 70℃常开电动防火阀 MFD（阀门现场联动停排风机）。

（3）火灾报警后，通过总线联动打开相关部位的常闭电动排烟防火阀 BSFD、防排烟风机、常闭排烟口和加压送风口。

（4）可在多线联动盘上进行手动直接控制并显示防排烟风机的工作、故障状态。

8．防火卷帘：

（1）防火卷帘两侧设感烟、感温探测器组和手动控制按钮。

（2）疏散通道上的防火卷帘感烟探测器动作后，卷帘下降到距地面 1.8 m，感温探测器动作后卷帘下降到底；用作防火分隔的防火卷帘，感烟探测器动作后卷帘一次下降到底。防火卷帘的关闭信号通过总线反馈至消防控制室。

（3）可在总线联动盘上进行控制显示工作、故障状态。

9．电梯控制：

（1）火灾确认后，可通过报警总线对相应区的电梯进行迫降首层控制。

（2）电梯首层设置迫降按钮，此部分由电梯公司负责，本设计不再表述。

五、防雷接地

本工程按《建筑物防雷设计规范》为三级防雷。屋顶设避雷带，引下线利用结构柱内主筋。人工接地做成围楼一圈闭合接地体。

为防雷电引起的电磁脉冲影响，在配电室低压柜母线处装设一级电涌保护器。在各层箱内，以及消防室、电梯配电箱内装设二级电涌保护器。

六、电气施工

1．与土建专业配合做好预埋，与设备专业配合保证安全距离。

2．给所有金属构件管材做防腐处理。

3．具体施工按标准图集及有关施工规程规范执行。

2）系统图

某综合性服务大楼消防设计系统图，如图 6-16 所示。

3）平面图

某综合性服务大楼消防系统设计平面图，如插图 1～插图 8 所示。

实训 7　建筑弱电系统施工图识读

1．实训目的

（1）认识消防系统设备图形符号；

（2）掌握消防系统施工图系统图识读；

（3）掌握消防系统施工图平面图识读。

2．实训材料

消防系统设计图纸。

3．实训步骤

1）知识准备

（1）理解消防系统工作原理

在识图前首先需要理解消防系统的工作原理，这样有助于理解施工图设计思路，从而读懂系统施工图。

（2）掌握识图基本知识

① 设计说明（图 6-17）。设计说明主要用来阐述工程概况、设计依据、设计内容、要求及施工原则，识图首先看设计说明，了解工程总体概况及设计依据，并了解图纸中未能表达清楚或重点关注的有关事项。

② 图形符号。在建筑电气施工图中，元件、设备、装置、线路及其安装方法等，都是借用图形符号、文字符号来表达的。这样，分析消防系统施工图首先要了解和熟悉常用符号的形式、内容、含义，以及它们之间的相互关系。

③ 系统图（图 6-18）。系统图是表现工程的供电方式、分配控制关系和设备运行情况的图纸，从系统图可以看出工程的概况。系统图只表示消防系统中各元件的连接关系，不表示元件的具体情况、具体安装位置和具体接线方法。

④ 平面图（图 6-19）。消防系统平面图是表示设备、装置与线路平面布置的图纸，是进行设备安装的主要依据。它反映设备的安装位置、安装方式和导线的走向及敷设方法等。

2）消防系统施工图实例

4．注意事项

（1）图形符号是指无外力作用下的原始状态。

（2）系统图的识读要与平面图的识读结合起来，它对于施工图识读从而指导安装施工有着重要的作用。

5．实训思考

（1）消防系统施工图主要包括哪些图纸。

（2）列举与消防系统相关的 3 个规范。

（3）识读该消防系统施工图，并写出读图说明。

知识梳理与总结

本单元主要介绍了消防系统的设计内容、设计原则和设计程序及要点，并通过具体实例供读者以设计参考。通过本单元的学习，学生应能进行消防系统施工图的识读，并初步掌握消防系统的设计方法。

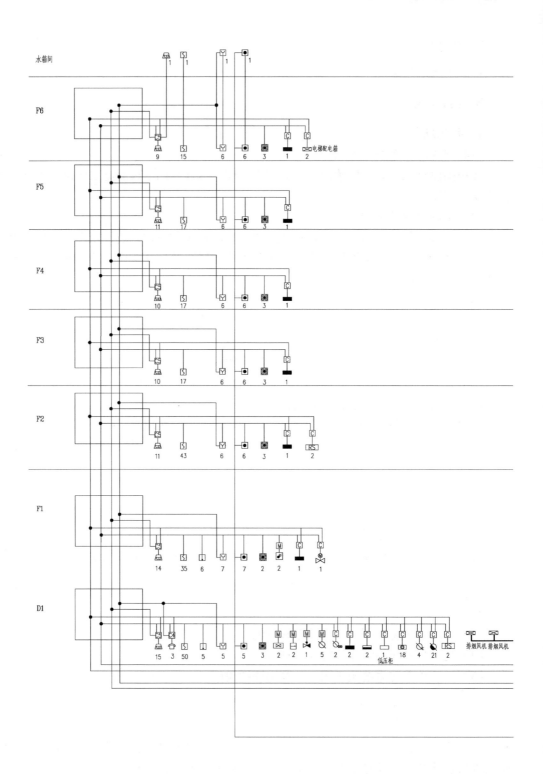

图 6-16　某综合性服务大楼

序号	图例	名　称	单位	备　注
1	▭	集中火灾报警及联动控制器	套	首层消防控制室
2	▭	火警电话总机及事故广播机	套	首层消防控制室
3	⊞	消防端子箱	个	竖井内明装，距地1.4m
4	Ⓢ	感烟探测器	个	吸顶安装
5	Ⓘ	感温探测器	个	吸顶安装
6	◉	消火栓按钮	个	消火栓箱内安装（消火栓带地址码）
7	Ⓨ	手动报警按钮	个	带电话插孔距地1.5m
8	◁	壁挂扬声器	个	明装，距地2.5m
9	⊡	吸顶扬声器	个	吸顶安装
10	☎	消防专用电话	个	距地1.5m安装
11	Ⓒ	控制模块	个	距顶板0.3m留接线盒
12	Ⓜ	输入监视模块	个	距顶板0.3m留接线盒
13	⊟	水流指示器	个	具体位置见设备专业图纸
14	⊠	信号碟阀	个	具体位置见设备专业图纸
15	⊡	火警显示灯	个	明装，距地2.5m（需配控制模块）
16	RS	卷帘门控制箱	个	吊顶内安装（距顶板0.3m留接线盒）
17	⋈	湿式报警阀（压力开关）	个	具体位置见设备专业图纸
18	∅	防火阀	个	70℃熔断关闭
19	∅	防火阀	个	280℃熔断关闭，同时关闭相关排烟风机
20	∅	排烟防火阀（□）	个	常闭，阀门打开的同时开启相关排烟机，280℃熔断关闭
21	∅	电动防火阀	个	70℃熔断关闭
22	▭	排烟风机远动按钮	个	联锁排烟风机启动，距地1.5m安装
23	▭	动力配电箱	台	明装
24	▬	照明配电箱	台	明装
25	⊠	切换箱	台	明装
26	▭	配电柜	台	落地安装
27	▭	疏散指示灯 2X8W	套	带蓄电池，墙面暗装距地0.3m 带蓄电池，顶棚吊装距地2.5m
28	▭	安全出口指示灯 2X8W	套	带蓄电池，门上0.2m明装
29	▣	应急照明灯 2X55W	套	带蓄电池，距地2.5m
30	▨	可燃气体探测器	个	吸顶安装
31	⊠	紧急切断阀	套	见燃气设计图纸，需提供24V中间继电器

序号	名　称	线型图例	导线规格
1	探测器报警二总线	ZX	NVS-2x1.5
2	联动总线＋系统电源线 24VDC	PCZX	ZR-NVS-(2x1.5+2x2.5)
3	消防广播线	YS	ZR-RVVP-2x1.5
4	消防电话线	TL	ZR-RVVP-2x1.5
5	多线控制线	YXKZ	NH-KVV-3x1.5
6	消火栓控制线		ZR-RVV-2x1.5

注：以上导线除平面图注明外，均穿 SC20 镀锌钢管，线型仅供参考。

综合楼消防控制室

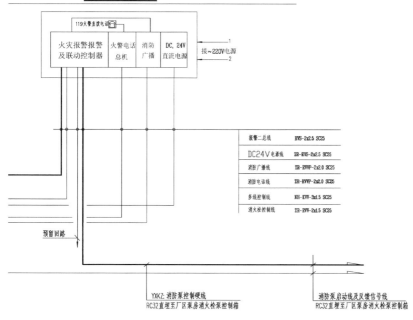

消防设计系统图

一、建筑概况

7#楼为×××软件园区的综合服务楼,功能主要包括:办公、食堂、健身、住宿、停车五大部分。建筑平面呈"L"型布置,北侧南北朝向为五层,西侧东西朝向为十一层,面积14829m²,结构型式为框剪结构。

二、设计依据

(1) 建设单位提供的设计要求及实地考察收集的现场资料;

(2) 建设单位认可的初步设计文件及设计要求;

(3) 建筑专业提供的作业图;

(4) 国家现行的有关规范、标准、行业的标准规定,如:

《低压配电设计规范》 GB50054—1995;

《建筑物防雷设计规范》 GB50057—1994(2000年版);

《汽车库、修车库、停车场设计防火规范》 GB60067 1997;

《人民防空工程设计防火规范》 GB50098—1998(2001年版);

《火灾自动报警系统设计规范》 GB50116—1998;

《电力工程电缆设计规范》 GB50217—1994;

《高层民用建筑设计防火规范》 GB50045—1995(2005年版);

(5) 其他有关国家、地方的现行规程,规范。

三、设计范围

本设计包括红线内的以下内容:

火灾自动报警及消防联动控制系统;

四、具体设计

1. 本工程为一类防火建筑,火灾自动报警系统的保护等级按一级设置。

2. 系统组成:

(1) 火灾自动报警系统;

(2) 消防联动控制系统;

(3) 应急广播系统;

(4) 消防直通对讲电话系统;

(5) 电梯监视控制系统;

(6) 应急照明控制系统。

3. 消防控制室:

(1) 消防总控室设在5#楼,在本工程一层值班室设区域报警控制器,与5#楼主机联网。消防控制设备,如联动控制台、火灾报警控制主机、CRT显示器、打印机、应急广播设备、消防直通对讲电话设备、电梯监控盘和电源设备等均与5#楼合用。

(2) 消防总控室与本楼的关系:

本楼的火灾自动报警信号同时送到区域报警控制器并在总控室可显示。火灾应急广播机柜、消防直通对讲电话主机均设在总控室,根据本楼的需要直接引来相关线路。总控室根据火灾情况控制本楼的应急广播,指挥疏散。

消防联动控制台设在总控室,消防人员通过联动控制台对本楼的消防设备进行手动控制并接收返回信号。通过本楼的消火栓按钮及总控室均能启动消火栓。

4. 火灾自动报警系统:

(1) 本工程采用区域报警控制系统并与5#楼消防系统联网。消防自动报警系统按两总线环路设计,任一点断线不应影响报警。

(2) 探测器:煤气表间、厨房等处设置可燃气体浓度探测器,汽车库、厨房、开水间设置感温探测器,一般场所设置感烟探测器。

(3) 在本楼适当位置设手动报警按钮及消防对讲电话插孔。手动报警按钮及消防对讲电话插孔底距地1.4 m。对讲电话按层划分区域,每层一对讲。

(4) 在消火栓箱内设消火栓报警按钮。接线盒在消火栓的顶部,底距地1.9 m。消火栓按钮的接线:地上各楼座根据楼层数量的多少分成1~3个区将按钮并接,地下各层按每2~4个防火分区为一个区将按钮并接后接至消防水泵房,消火栓按钮的配线为:NHBV-4X2.5SC20。

(5) 在各层疏散楼梯间及疏散楼梯前室,设置火灾声光报警显示装置。安装高度为门框上 0.1 m。(有安全出口指示灯时,安装在安全出口指示灯右侧)。

(6) 消防控制室可接收感烟探测器的火灾报警信号,水流指示器、检修阀、压力报警阀、手动报警钮、消火栓报警按钮的动作信号。

(7) 探测器与灯具的水平净距应大于 0.2 m;与出风口的净距应大于 1.5 m;与嵌入式扬声器的净距应大于 0.1 m;与自动喷淋头的净距应大于 0.3 m;与多孔送风顶棚孔口或条形出风口的净距应大于 0.5 m;与墙或其他遮挡物的距离应大于 0.5 m。探测器的具体定位,以建筑吊顶综合图为准。

5. 消防联动控制系统:

本工程联动控制台设置在5#楼,控制方式分自动控制、手动硬线直接控制。通过联动控制柜,可实现对防排烟系统、加压送风系统的监控和控制,火灾发生时手动/自动切断空调机组、通风机及一般照明等非消防电源。

1) 自动喷洒泵的控制:

本工程在地上部分采用自动喷洒湿式系统,地下室部分采用自动喷洒预作用系统。预作用网组为地下室服务。预作用喷水系统与湿式喷水系统合用一组自动喷洒泵。

(1) 湿式系统:平时由气压罐及压力开关动控制增压泵维持管网压力,管网压力过低时,直接起动主泵。

(2) 预作用系统:平时为空管,发生火灾时,火灾探测器动作,联动打开报警阀处的压力开关自动启动喷洒泵向管网充水。

(3) 喷头爆破后,报警阀处压力开关动作喷洒泵向管网供水,消防控制室能接收其返馈信号,击响水力警铃。

(4) 喷头喷水,水流指示器动作向消防控制室报警,同时报警阀动作,击响水力警铃。

(5) 在5#楼消防控制室可通过控制模块编程,自动启动喷洒泵,并接收其反馈信号。

(6) 在5#楼消防控制室联动控制台上,可通过硬手动控制喷洒泵,并接收其反馈信号。

(7) 5#楼消防控制室应显示喷洒泵电源状况。

(8) 消防泵房可手动启动喷洒泵。

2) 专用排烟风机的控制:

当火灾发生时,消防控制室根据火灾情况控制相应层的排烟阀(平时关闭),同时连锁启动相应的排烟风机和消防补风机;当火灾温度超过280℃时,风机入口处的排烟阀熔丝熔断,关闭阀门,联动停止相应的排烟风机。排烟阀的动作信号返回至消防控制室。

3) 排烟兼排风机的控制:

本工程设排烟兼排风机,正常情况下为通风换气使用,火灾时则作为排烟风机使用。正常时为就地手动控制及DDC控制,当火灾发生时,由消防控制室控制打开相关的排烟阀(平时关闭),关闭通风用电动阀,消防控制室具有控制优先权,其控制方式与专用排烟风机相同。

4) 正压送风机的控制:

当火灾发生时,由消防控制室自动控制其启停,同时连锁开启其相关的正压送风阀或火灾层及邻层的正压送风口。

5) 消防补风机的控制:

消防补风机与其对应的排烟风机连锁控制,连锁关系详见空调专业图纸。

图 6-17 设计

说 明

  6) 消防控制室可对正压送风机、排烟风机、消防补风机等通过模块进行自动、手动控制，还可在联动控制台上通过硬件手动控制，并接收其反馈信号。所有排烟阀、排烟口、280℃防火阀、70℃防火阀、正压送风阀、正压送风口的状态信号送至区域报警控制器及消防总控室显示。

  7) 电源管理：

  本工程部分低压出线回路及各层主开关均设较分励脱扣器，当火灾发生时消防区域控制器可根据火灾情况自动切断空调机组、回风机、排风机及火灾区域的正常照明等非消防电源。

  8) 与燃气有关的如燃气紧急切断阀等的控制，须与燃气公司配合。燃气管道敷设完成后，在燃气阀门处、管道分支处、拐弯处、直线段每7~8米左右，设置可燃气体探测器；此部分内容在燃气设计完成后由深化设计配合，本套图纸中相关内容仅为示意。燃气管与电气设备的距离应大于 0.3 m。可燃气体探测器报警后，自动开启事故排风机，关断燃气紧急切断阀。

6．火灾应急广播系统：

  (1) 在消防总控室设置火灾应急广播（与音响广播合用）机柜，机组采用定压式输出。火灾应急广播按建筑层或防火分区分路，每层或每一防火分区一路。当发生火灾时，消防总控室值班人员可根据火灾发生的区域，自动或手动将音响广播切接到应急广播状态并进行火灾广播，及时指挥、疏导人员撤离火灾现场。

  (2) 首层着火时，启动首层、二层及地下各层火灾应急广播；地下层着火时，启动首层及地下各层火灾应急广播；二层以上着火时，启动本层及相邻层上、下层火灾应急广播。

  (3) 应急广播扬声器均为 3 W，按图中所示为壁装时，底边距地 2.5 m。

  (4) 系统应具备隔离功能，某一回路扬声器发生短路，应自动从主机上断开，以保证功放及控制设备的安全。

  (5) 系统主机为标准的模块化配置，并提供标准接口及相关软件通信协议，以便系统集成。

  (6) 系统采用 100 V 定压输出方式。要求从功放设备的输出端到线路上最远的用户扬声器的线路衰耗不大于 1 dB（1000 Hz）。

  (7) 系统所有器件、设备均由承包商负责成套供货、安装、调试。

  (8) 系统的深化设计由承包商负责，设计院负责审核及与其他系统的接口的协调审核。

7．消防直通对讲电话系统：

  在消防总控室内设置消防直通对讲电话总机并引至本楼，除在各层的手动报警按钮处设置消防直通对讲电话插孔外，在配电室、水泵房、电梯轿箱、网络机房、防排烟机房、管理值班室等处设置消防直通对讲电话分机。直通对讲电话分机底边距地 1.4 m。

8．电梯监视控制系统：

  (1) 在消防总控室设置电梯监控盘，除显示各电梯运行状态、层数显示外，还设置正常故障、开门、关门等状态显示。

  (2) 火灾发生时，根据火灾情况及场所，由消防总控室电梯制盘发出指令，指挥电梯按消防程序运行：对全部或任意一台电梯进行对讲，说明改变运行程序的原因，电梯均强制返回一层并开门。

  (3) 火灾指令开关均采用钥匙型开关，由消防控制室负责火灾时的电梯控制。

9．应急照明系统：

  (1) 所有楼梯间及其前室、疏散走廊、配电室、防排烟机房、弱电机房等的照明全部为应急照明；公共场所应急照明一般按正常照明的 10%~30% 设置。

  (2) 在大空间用房、疏散走廊、楼梯间及其前室、主要出入口等处所设置疏散照明。

  (3) 应急照明及疏散照明均采用双电源供电并在末端互投，部分应急照明及全部疏散照明采用区域集中式供电（EPS）应急照明系统，要求持续供电时间大于 30 min。

  (4) 应急照明及疏散照明线路均选用 NHBV-750V 聚氯乙烯绝缘耐火型导线穿管暗敷于结构楼板内或保护层厚度大于 30 mm 的墙内。

  (5) 应急照明平时采用就地控制，火灾时由消防控制室自动控制点亮全部应急照明灯。

10．消防系统线路敷设要求：

  (1) 平面图中所有未标注的火灾自动报警线路，控制线、信号线均采用 NHBV-2X1.0 SC15；其余配管为：3~4 根，SC20，6~8 根 SC25；10~12 根 SC32。联动控制线采用 NHKVV-1.5，配管详图中标注。电源线采用 NHBV-2X1.5 SC15。应急广播线路采用 NHRVS-2X1.5 SC15。电话电缆采用 NHHYV-2X0.5，桥架敷设。电话分支线采用 NHRVB-2X0.51 ~2对，SC15；3~4 对，SC20。线路暗敷设时，应敷设在不燃烧体结构内，且保护层厚度不小于 30 mm。由顶板接线盒至消防设备一段线路穿金属耐火波纹管。其所用线槽均为防火桥架，耐火等级不低于 1.00 h。明敷管线做作防火处理。除图中注明外穿管径均为 SC20。

  (2) 火灾自动报警每一回路地址编码总数应留 15%~20% 的余量。

  (3) 地下室及没有吊顶的部位的就地模块箱底距地 2.5 m，挂墙明装，有吊顶的部位在顶项上 0.1 m 安装，此处吊顶需预留检修口。

  (4) 弱电间内消防模块及接线箱距地 1.5 m，挂墙明装。

  (5) 所有平面图所表示的竖井内的消防模块箱及接线箱的位置仅为示意，具体位置均以竖井放大图中位置为准。

11．电源及接地：

  (1) 本工程采用 380/220 V 低压电源为正常供电电源。所有消防用电设备均采用双电源供电并在末端自动切换装置。消防控制室设备还需设置自备直流电源，此电源由承包商负责成套供货。

  (2) 消防系统接地与本楼综合接地装置合用，设专用接地线。专用接地线采用两根 BV-1x25 mm2PC40。要求其接地电阻小于 0.5Ω。

12．系统的成套设备，包括报警控制器、联动控制台、CRT 显示器、打印机、应急广播、消防专用电话总机、对讲录音电话及电源设备等均由该承包商成套供货，并负责安装、调试。

五、电气施工及其他

  1．除施工图中所注明的电气施工安装要求外，其它均请参照《建筑电气通用图集》92DQ、《建筑电气安装工程图集》及相关电气施工规范、规范进行施工，或与设计院协商解决。

  2．对于隐蔽工程，施工完毕后，施工单位和有关部门共同检查验收，并做好隐蔽工程记录，在施工中，若遇到问题，应及时和设计及有关部门共同协商解决。

  3．本工程所选设备、材料，必须具有国家级检测中心的检测合格证书，需经强制性认证的，必须具备 3C 认证；必须满足与产品标准及国家标准；供电产品、消防产品必须有入网许可证。

  4．施工单位必须按照工程设计图纸和施工技术标准施工，不得擅自修改工程设计。施工单位在施工过程中发现设计文件和图纸有差错的，应当及时提出意见和建议。

系　别	城市建设工程系	浙江建设职业技术学院	
项目性质	工程设计模拟实训	工程名称	某综合楼智能化系统工程
专业班级	智能08-2		
学　号	36080213	图　名	某综合楼设计说明图
姓　名	葛凌峰	比　例	设计阶段 施工
指导教师	周巧仪	日　期　2011.4.16	图　号　弱施-01

说明

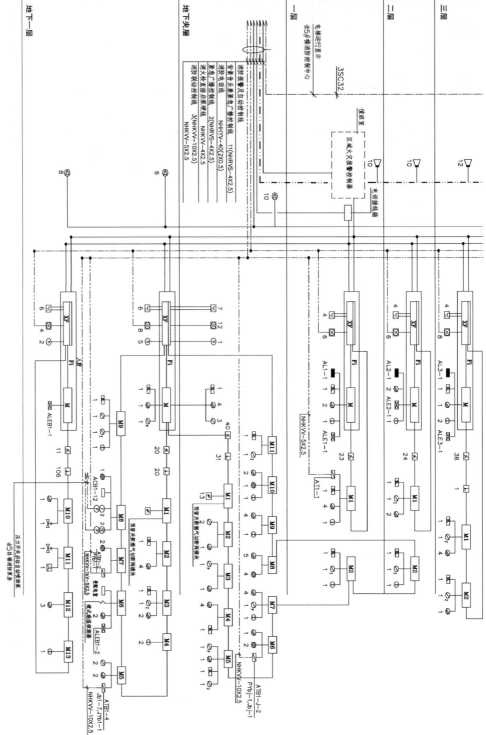

图6-18　火灾自动报警及

图例符号

图例	名称
	消防线接线盒
	带地址感烟探测器
	带地址感温探测器
	手动报警按钮
	消防专用电话出线口
	应急广播
	应急广播（吸顶安装 3W）
	150℃防火调节阀（状态信号）
	70℃防火调节阀（状态信号）
	280℃防火调节阀（状态信号）
	水流指示器（状态信号）
	压力开关（状态信号）
	防排烟阀（附电磁阀）（控制及状态信号一）
	正压阀（控制及状态信号一）
	排烟阀（控制及状态信号一）
	消火栓报警按钮
	带地址手动报警按钮（带电话插孔），距地1.5m
	电梯运行情况显示
	楼层水流控制箱

控制系统图

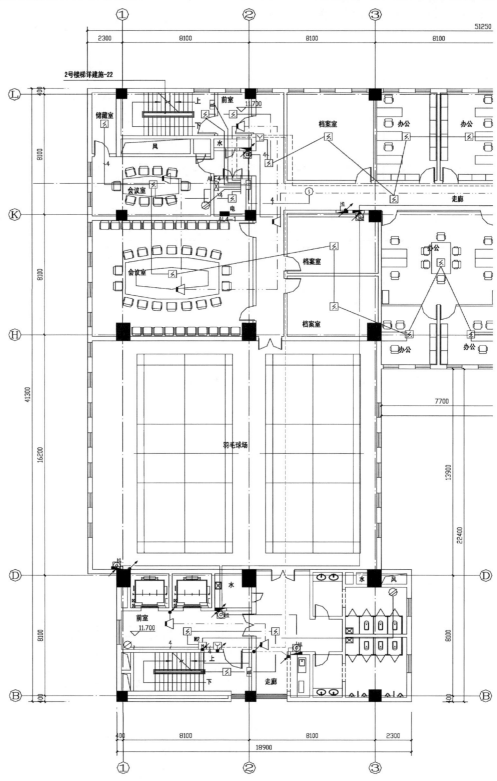

图 6-19 四层火灾自动

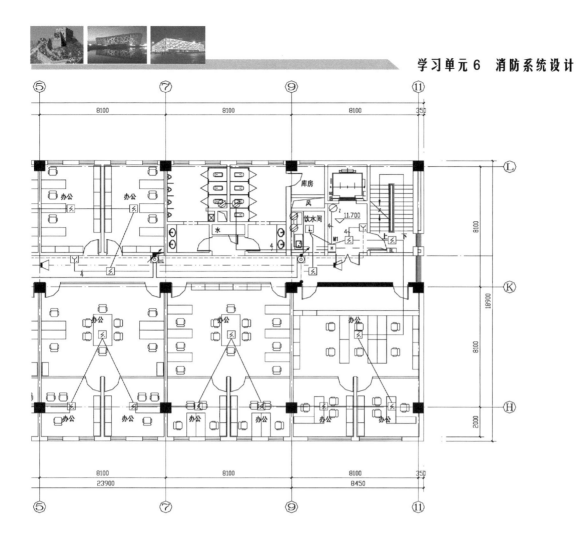

四层火灾自动报警平面图 1:100

报警平面图（1:100）

练 习 题 6

1. 选择题

（1）消防系统设计的内容不包括（   ）。

A. 报警设备   B. 通信设备   C. 电气调试设备   D. 灭火设备

（2）以下针对系统设计原则的描述，错误的是（   ）。

A. 我国消防大致分为 5 类法规，即建筑设计防火规范、系统设计规范、设备制造标准、安全施工验收规范及行政管理法规

B. 在执行法规遇到矛盾时，行业标准应服从国家标准

C. 设计前需要详细了解建筑物的使用功能、保护对象级别及有关消防监督部门的审批意见系统的施工质量

D. 消防系统设计可以独立进行，不需要与建筑、结构、给排水、暖通等工种协调配合

（3）设计方案涉及的内容不包括（   ）。

A. 采用系统的规模、类型

B. 采用哪个厂家产品

C. 确定消防系统保护对象级别

D. 与建设单位关系

（4）系统设计工程中会针对项目情况考虑相应的配合措施，以下错误的是（   ）。

A. 根据防火分区情况确定区域报警范围

B. 根据疏散路线确定事故照明位置和疏散通路方向

C. 根据建筑物高度确定电气消防设计内容和供电方案

D. 根据建筑防火分类确定电气消防设计内容和供电方案

（5）火灾报警及消防控制系统设计的计算内容不涉及（   ）。

A. 探测器的数量   B. 水压测算

C. 手动报警按钮的数量   D. 消防广播的数量

（6）集中报警系统的设计，应符合设计要求，以下不符合的是（   ）。

A. 系统中应设置一台集中火灾报警控制器和两台及两台以上区域火灾报警控制器，或设置一台火灾报警控制器和两台及两台以上区域显示器

B. 系统中应设置消防联动控制设备

C. 集中火灾报警控制器或火灾报警控制器，应能显示火灾报警部位信号和控制信号，也可进行联动控制

D. 集中火灾报警控制器或火灾报警控制器，在一般情况下可以不设置在有专人值班的消防控制室或值班室内

（7）以下针对探测器安装事项的描述，错误的是（   ）。

A. 在宽度小于 3 m 的内走道的顶棚设置探测器时应居中布置。感温探测器的安装间距不应超过 15 m

B. 在空调机房内，探测器应安装在离送风口 1.5 m 以上的地方，离多孔送风顶棚孔口的距离不应小于 0.5 m

C. 在楼梯间、走廊等处安装感烟探测器时，宜安装在不直接受外部风吹入的位置处。安装光电感烟探测器时，应避开日光或强光直射的位置

D. 在电梯井、升降机井设置探测器时未按每层封闭的管道井等处，当屋顶坡度不大于45°时，其位置宜在井道上方的机房顶棚上

（8）以下针对相关设备设计要求的描述，错误的是（　　）。

A. 民用建筑内扬声器应设置在走道和大厅等公共场所。其数量应能保证从一个防火分区内的任何部位到最近一个扬声器的距离不大于25 m。走道内最后一个扬声器至走道末端的距离不应大于12.5 m

B. 火灾应急广播的备用扩音机，其容量不应小于火灾时需同时广播的范围内火灾应急广播扬声器最大容量总和的1.5倍

C. 每个防火分区至少应设一个火灾警报装置，其位置宜设在各楼层走道靠近楼梯出口处

D. 火灾应急广播系统，床头控制柜内设有服务性音乐广播扬声器时，一般不再设置火灾应急广播功能

（9）以下针对相关设备设计要求的描述，错误的是（　　）。

A. 未设置火灾应急广播的火灾自动报警系统，应设置火灾警报装置

B. 消防控制室、消防值班室或企业消防站等处，应设置可直接报警的外线电话

C. 系统接地装置的接地电阻值，采用专用接地装置时接地电阻值不应大于1 Ω

D. 专用接地干线应采用铜芯绝缘导线，其线芯截面面积不应小于25 mm^2。专用接地干线宜穿硬质塑料管埋设至接地体

（10）以下针对供电设计要求的描述，错误的是（　　）。

A. 火灾自动报警系统应设有主电源和直流备用电源

B. 火灾自动报警系统中的CRT显示器、消防通信设备等的电源，宜由UPS装置供电

C. 火灾自动报警系统主电源的保护开关应采用漏电保护开关

D. 火灾自动报警系统的主电源应采用消防电源，直流备用电源宜采用火灾报警控制器的专用蓄电池或集中设置的蓄电池

（11）以下针对布线设计要求的描述，错误的是（　　）。

A. 火灾自动报警系统的传输线路应采用穿金属管、经阻燃处理的硬质塑料管或封闭式线槽保护方式布线

B. 消防控制、通信和警报线路采用暗敷设时，可不穿金属管保护

C. 从接线盒、线槽等处引到探测器底座盒、控制设备盒、扬声器箱的线路均应加金属软管保护

D. 火灾自动报警系统的传输网络不应与其他系统的传输网络合用

2. 思考题

（1）简述消防系统设计的优劣是通过哪些方面来评价。

（2）简述消防系统设计的步骤。

（3）简述消防系统报警区域和探测区域划分。

（4）简述梁对探测器的影响。

（5）简述探测器边缘与设施边缘的水平间距。

参 考 文 献

[1] 孙景芝. 电气消防技术（第2版）. 北京：中国建筑工业出版社，2011.

[2] 杨连武. 火灾报警及消防联动控制系统施工（第2版）. 北京：电子工业出版社，2010.

[3] 于晶. 建筑消防设施与施工. 北京：化学工业出版社，2008.

[4] 何滨. 速学消防系统施工. 北京：中国电力出版社，2010.

[5] 徐鹤生，周广连. 建筑消防系统. 北京：高等教育出版社，2009.

[6] 喻建华，陈旭平. 建筑弱电应用技术. 武汉：武汉理工大学出版社，2008.

[7] 刘兵，王强. 建筑电气与施工用电. 北京：电子工业出版社，2010.

[8] 魏立明. 智能建筑消防与安防. 北京：化学工业出版社，2009.

[9] 李念慈，张明灿，万月明. 建筑消防工程技术. 北京：中国建材出版社，2006.

[10] 孙成群. 建筑电气设计实例图册. 北京：中国建筑工业出版社，2003.

[11] 陈南. 建筑火灾自动报警技术. 北京：化学工业出版社，2006.

[12] 李天荣. 建筑消防设备工程. 重庆：重庆大学出版社，2010.

[13] 中国建筑标准设计研究院. 智能建筑弱电工程设计与施工. 北京：中国计划出版社出版，2010.

[14] 中国建筑标准设计研究院. 火灾报警及消防控制. 北京：中国计划出版社出版，1998.

[15] 中国建筑标准设计研究院. 建筑智能化系统集成设计图集. 北京：中国计划出版社出版，2003.

[16] 中华人民共和国公安部. 气体灭火系统设计规范. 北京：中国计划出版社，2006.

[17] 中华人民共和国公安部. 气体灭火系统施工及验收规范. 北京：中国计划出版社，2007.
中元国际工程设计研究院. 气体消防系统选用、安装与建筑灭火器配置. 北京：中国计划出版社，2007.

[18] 浙江信达科恩消防实业有限公司. 海烙二氧化碳气体灭火系统使用手册,2009.

[19] 浙江信达科恩消防实业有限公司. 海烙IG-541洁净气体灭火系统使用手册,2009.

[20] 浙江信达科恩消防实业有限公司. 海烙七氟丙烷气体灭火系统使用手册. 2009.

[21] 中华人民共和国公安部. 火灾自动报警系统设计规范. 北京：中国计划出版社，1998.

[22] 中华人民共和国公安部. 火灾自动报警系统施工及验收规范. 北京：中国计划出版社，1993.

[23] 中华人民共和国公安部. 高层民用建设设计防火规范. 北京：中国计划出版社，2005.

[24] 中华人民共和国建设部. 民用建筑电气设计规范. 北京：中国建筑工业出版社，2008.

反侵权盗版声明

电子工业出版社依法对本作品享有专有出版权。任何未经权利人书面许可，复制、销售或通过信息网络传播本作品的行为，歪曲、篡改、剽窃本作品的行为，均违反《中华人民共和国著作权法》，其行为人应承担相应的民事责任和行政责任，构成犯罪的，将被依法追究刑事责任。

为了维护市场秩序，保护权利人的合法权益，我社将依法查处和打击侵权盗版的单位和个人。欢迎社会各界人士积极举报侵权盗版行为，本社将奖励举报有功人员，并保证举报人的信息不被泄露。

举报电话：（010）88254396；（010）88258888

传　　真：（010）88254397

E-mail：　dbqq@phei.com.cn

通信地址：北京市海淀区万寿路 173 信箱
　　　　　电子工业出版社总编办公室

邮　　编：100036